植物漫话

陶秉珍 著

海南出版社
·海口·

图书在版编目（CIP）数据

植物漫话 / 陶秉珍著. -- 海口：海南出版社，2025. 8. -- ISBN 978-7-5730-1941-7

Ⅰ. Q94-49

中国国家版本馆 CIP 数据核字第 2024J9D720 号

植物漫话

ZHIWU MAN HUA

作　　者：陶秉珍
责任编辑：高婷婷
封面设计：任　佳
责任印制：郄亚喃
印刷装订：三河市中晟雅豪印务有限公司
读者服务：张西贝佳
出版发行：海南出版社
总社地址：海口市金盘开发区建设三横路 2 号
邮　　编：570216
北京地址：北京市朝阳区黄厂路 3 号院 7 号楼 101 室
电　　话：0898-66812392　010-87336670
电子邮箱：hnbook@263.net
经　　销：全国新华书店
版　　次：2025 年 8 月第 1 版
印　　次：2025 年 8 月第 1 次印刷
开　　本：787 mm × 1 092 mm　1/16
印　　张：16
字　　数：130 千字
书　　号：ISBN 978-7-5730-1941-7
定　　价：48.00 元

关于本书

本书为科普作家陶秉珍（1896—1952）的两本植物科普作品《植物漫话》和《植物的生活》的合集。

上篇《植物漫话》撰成于1951年，按植物分类系统的顺序，对二十多种中国重要经济生物做了详细介绍。因为它们都是经济生物，所以对于其采集、种植、收获等经济植物学知识着墨颇多，这在今天的植物学科普著作中是少见的题材，因此仍然可以给人以新鲜之感。

下篇《植物的生活》撰成于1937年，内容大致分为三部分。第一部分是植物形态学，主要对被子植物的六大器官——根、茎、叶、花、果实、种子，做了生动介绍。第二部分是植物生态学，讲述了生活在山上、水边的植物，以及寄生植物、菌根植物等有趣知识。第三部分，也就是最后一章“新种的形成”，对达尔文的进化论（又名演化论）做了简洁的叙述。尽管此书撰成已近百年，但其中所介绍的植物学基础知识大都不过时，仍适合今日读者了解。

需要说明的是，本书作者所使用的植物分类系统是19世纪末到20世纪初的恩格勒（Engler）系统，以现代生物分类系统来衡量，多有应予弃用之处。恩格勒系统把所有生物都归入动物和植物两界，因此细菌、真菌以及褐藻等很多藻类都算作植物，但在分子生物学时代，这种二分法已经被彻底否定。目前国际上通用的生物分类系统把地球生物分为三个域——细菌域、古菌域和真核域，本书中介绍的细菌和蓝细菌（裂殖藻）属于细菌域，其他生物属于真核域。其中，银耳、木耳等真菌现属真菌界，海带等褐藻现属藻虫界，只有红藻、绿藻和高等植物[苔藓植物、蕨类植物（羊齿植物）、裸子植物和被子植物]仍留在植物界。在目、科等下级分类单元的划分上，恩格勒系统与现代分类系统也有诸多分歧。下表开列了书中提及的部分生物在新旧分类系统中的位置，供读者参考。

生物名	旧分类	新分类
细菌	裂殖植物门	细菌域
蓝细菌（裂殖藻）	裂殖植物门	细菌域蓝细菌门
海带	藻菌植物褐藻类	藻虫界褐藻纲
银耳	藻菌植物担子菌群胶菌科	真菌界担子菌门银耳科
木耳	藻菌植物担子菌群木耳科	真菌界担子菌门木耳科
杉树	松柏科杉属	柏科杉木属
席草（灯芯草）	百合类灯芯草科	禾本目灯芯草科
梧桐	锦葵类梧桐科	锦葵目锦葵科
盐肤木（盐麸木）	漆树科漆树属	漆树科盐麸木属
人参	五加科土当归属	五加科人参属

中科院植物研究所博士 刘夙

2023 年 7 月

目 录

上篇 植物漫话

下篇
植物的生活

上篇　植物漫话

引 言

讲植物分类的书籍，往往引用不大熟悉或没有实用价值的植物做例子，使初学的人容易有不亲切的感觉，有时竟摸不着头脑。谈经济植物的书，又尽量把有用的部分说得详细，而忽略了形态上的特征和分类上的位置。读者所得到的知识，是零星的、杂乱的，难以领会植物界的统一性和系统性。

这本书是以初中文化程度的读者作为对象，用二十多种我国特产的经济植物做材料，约略说明植物分类的系统和各个的实用价值，并由我们祖先发现各种有用植物的功绩和地大物博、资源丰富的现况，来启发读者爱祖国的热情。

这本书为了要引起读者兴趣，用一个初中学生吉儿做主人翁。他在实际经历中发现了种种问题。这些问题，如果是一般初中学生容易想到而又无法解决的，那么这本书将提供一个比较正确的答案。

原稿写成后，承中国科学院植物分类研究所所长钱崇澍先生校读一遍，指正错误不少。这是著者和读者都应当感谢的。

陶秉珍序于浙江大学

1951 年 10 月 7 日

一　裂殖植物

细　菌

吉儿的父亲，从北京回来，带着一篓苹果给大家做礼品。吉儿舍不得把分得的苹果一时都吃光，就留几个起来。隔了一星期，拿出来一看，哪知鲜红光滑的果面上，已长上几块指头般大小的黑斑了。

吉儿便跑去问父亲："我的苹果好好藏着，为什么会腐烂呢？"

父亲说："这是因为有一种腐烂细菌，在苹果上生长繁殖的缘故。"

吉儿问："细菌是一种动物还是植物？怎样繁殖的？请您仔细地讲给我听听，好吗？"

父亲说："细菌是一种非常微细、肉眼看不见的植物。因为是由分裂法繁殖的，所以叫作裂殖菌，和裂殖藻合称裂殖植物。

"细菌总是一个细胞组成一个个体。有的由许多个体集成群落，有的各个分离。身体小得很，要用显微镜才看得见，最小的要五六百个接起来，才有 1 毫米那么长。多数是无色的，有时产生非常鲜明的色素，叫灵菌红素，从玫瑰红到深紫，也有现绿色的，但里面并不含有叶绿素。

“细菌的繁殖法有两种，其中一种便是一个分成两个，两个又分成四个的分裂法。分裂的方向有三种，有的是一个方向，便是从两端延长开去，构成了条线状的群落；有的是两个方向，便是向前后、左右分裂，构成了薄片状的群落；有的是三个方向，向前后、左右、上下同时分裂，便构成立方体的群落。细菌的繁殖力很强，假定现在有 1 个细菌，每小时分裂两次，那么到第 1 小时完毕是 4 个，第 2 小时完毕是 16 个，第 4 小时完毕是 256 个，到第 24 小时完毕便有 281，474，976，710，656 个，是全世界人口的 100 多万倍。你看吓人不吓人？！”

吉儿听得发呆了，接着又问：“那么，还有一种繁殖法呢？”

父亲说：“另外一种繁殖法，便是孢子繁殖。细菌是非常灵活的。它们碰到不好的环境，例如十分干燥咧！高温咧！便把身体变成休眠孢子。这种休眠孢子抵抗力极强，即使遇到 100℃的高温，像沸腾的水一般热，也有在 5 小时内不死的。这个孢子碰到适宜的环境，又会分裂成许多个体。”

吉儿又问：“那么细菌的形状是怎样的呢？”

父亲说：“细菌的形状，大体上可分为球状、杆状、香蕉状、

螺旋菌（霍乱）

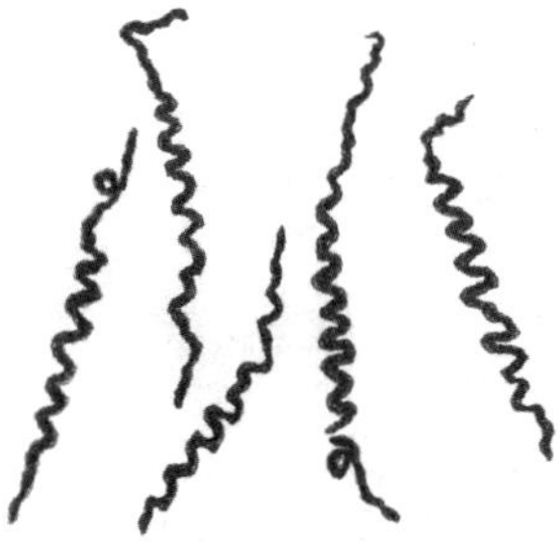
螺旋菌（梅毒）

螺旋状、丝状等。但通常由多数个体集成块状、片状或线条状，像前面讲过的。有些细菌还长着鞭毛，能够自由运动，因此又可依鞭毛着生地点和数目，分成‘周生’和‘极生’。‘周生’便是遍体都生鞭毛，‘极生’只一端或两端生鞭毛。”

吉儿问：“细菌生长在哪些地方？”

父亲说：“自然界中，不论哪里都有细菌产生，像空气里、水里、我们的肚子里、高热的温泉里、北极的冰层里，到处都有细菌。不过腐败物质里最多，像你拿着的烂苹果，正长着千千万万的细菌呢！细菌因为没有叶绿素，不会制造养分，只能把动植物的尸体腐烂分解，取得自己的养分，再使其余物质分解成无机物，像二氧化碳咧！氢咧！水咧！氨咧！许多工业都要依靠细菌的帮助才能成功，像制造干酪、做醋、烟叶发酵以及各种植物性药品的制造。有些细菌还会在土壤里制造氮肥，像豆科植物根上的根瘤菌便是。你总学习过了吧！有的还会帮助各种肥料的分解，供

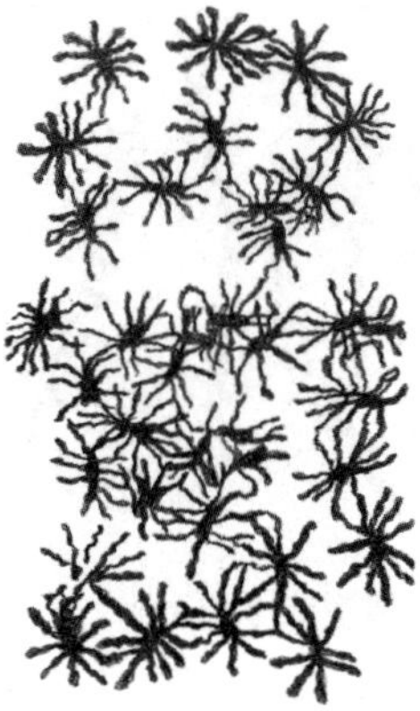
伤寒杆菌

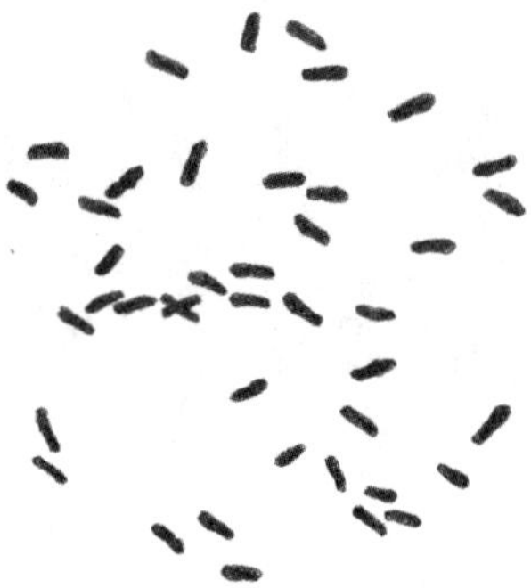
结核杆菌

给植物吸收。”

吉儿说：“细菌倒有许多好处，真是想不到。”

父亲说：“有害的细菌也很多！有的使水果腐烂，有的使食物发馊，最厉害的还是病菌，它们能够在人类和动植物身体里繁殖，使寄主发生疾病。像你的祖父，是害肺结核病死的，就是有一种名叫结核杆菌的细菌，在他的肺部繁殖，消耗病人的组织，使他衰弱而死；又像你的大哥，是害伤寒病死的，因为伤寒杆菌侵入身体，分泌致命的毒素，使他中毒而死！”

吉儿说：“这样讲来，细菌又怪可怕呢！爸爸，你且讲讲细菌的种类，让我知道一个大概情形。”

父亲说：“细菌的种类很多，大体可分作两大类，便是真正细菌和硫黄细菌。真正细菌的特点，便是体内不含硫黄粒和菌红素。

一共分作六科，便是杆状细菌科、螺旋状细菌科、丝状细菌科、念珠状细菌科、球状细菌科、黏液细菌科。

“杆状细菌科里的细菌，菌体多呈圆筒形，有长有短，通常是笔直的，偶然有稍带弯曲的。分裂时，先伸到两倍左右长，再从中间分开。有的就照分裂时这样连成丝状的。其中没有鞭毛的，像病原性的肺结核菌、鼠疫菌、肺炎菌、马鼻疽菌、鸡霍乱菌以及非病原性的使牛乳酸败凝固的乳酸菌、使醋酸发酵的醋酸菌、使亚硝酸变成硝酸的硝酸菌等都是。身体周围生鞭毛的，像病原性的破伤风菌、炭疽病菌、伤寒病菌、烟草立枯病菌、苹果腐烂病菌、胡萝卜腐败病菌以及非病原性的枯草菌、马铃薯菌、大肠菌、根瘤菌等。体端生鞭毛的，有病原性的萝卜甘蓝黑腐病菌、棉的角斑病菌、李的黑点病菌、柑橘的溃疡病菌、稻的白叶枯病菌以及化脓菌等，以及非病原性的使氨盐类氧化产生亚硝酸的亚硝酸菌、硝酸还原菌等。”

吉儿听得不耐烦，便截断了爸爸的话，说道：“这许多细菌名字，我也记不住！其余五科，不必讲了。总之我已经知道了，细菌的种类很多，形状不一，有的要引起疾病，发生灾害，有的能帮人做事。不过裂殖藻是什么东西，也得说个明白。”

父亲说：“裂殖藻是单细胞生物，有的独立生活，有的连成群落，也由分裂法繁殖。这些情形和细菌完全相同，不过细胞里含有叶绿素，能够自己制造养料罢了。”

二　藻菌植物

海带和紫菜

早上，吉儿看到母亲拿着一团绳索似的东西浸到木盆里去，忙问："这叫什么？"

母亲说："这是咸货店里买来的海带，预备煮肉，午饭时吃的。"吉儿心中好生奇怪，因正忙着上学，便不再问了。

午饭时，一大碗海带炖肉放在桌上。吉儿央求母亲，讲明海带是什么东西。

母亲说："海带是一种海藻，山东登州一带出产最多。它的颜色是深绿带褐，因为除叶绿素，还含着褐色素。这样的藻类叫作褐藻。

"海带大多生长在寒冷的海水里，身体由三个部分构成，一条叶身下面有稍稍带着木茎状的柄支持着。柄的下端，是由一丛须状凸起附着在岩石上。海带有许多弟兄，总称昆布属[1]。叶身有种种形状：我们今天吃的海带，是呈长带形的。此外有呈扇形的，有的一再分枝，变成总状。如果由须状凸起排列的情形、柄的内部是空虚或充实、外部有没有明显的浅沟以及叶绿的特征等来区分，可以分作25种。太平洋里有一种海带，长到100多丈，可算海藻大王了。”

吉儿夹了一片海带，送到嘴里咀嚼一会儿，只觉得咸咸的，还带一些腥气，味道并不十分鲜美，便又问道：“海带的滋味这样不好，为什么要吃它呢？”

母亲说：“我们身体日常需要的养料，除蛋白质、淀粉、脂肪等有机物质，还要少量的矿物质，像铁、磷、钙、碘等都是。如果缺少了碘，在项颈两侧的甲状腺便要肿胀起来，变成大颈病。平常我们是从含碘的食盐里来补充碘的。山乡地方食盐缺乏，碘的补充不够，大颈病也特别多些。

“海藻里面，含碘的很多。做碘酒的原料，多是从海藻里提炼出来的，像海带便是一种含着碘素很多的海藻。我们吃它的目的，就在于吸收一种重要养分，滋味的好歹，倒没大关系。”

吉儿又问：“那么，海带能够开花结实吗？”

母亲说：“海带和别种海藻一样，不会开花结实的。它的繁殖

---

①　按现行的藻类名称和分类，海带与昆布不同科，海带为海带科海带属，昆布为翅藻科昆布属。

昆布

紫菜

麒麟菜

方法是这样：先在叶片上面生长许多单细胞的孢子囊，孢子囊里面含着许多游走子。成熟后，孢子囊破裂，游走子出来，用着前后两端的鞭毛，在水里游泳一会儿。后来附在岩石上，发芽长成一条海带。”

吉儿又问：“除海带，还有哪些海藻？”

母亲笑着说：“海藻的种类是数不清的。大体上可以分作三大类，便是绿藻、褐藻和红藻。绿藻里最普通的是石莼，世界各地的海水里都有，形状是一片扁平的、不分枝的薄薄的叶状体，略呈圆形或卵形，外缘常有深深的缺刻。含着叶绿素，能够靠日光的力量制成淀粉。这种叶状体，由两层细胞构成，有的双方密切地黏合着，也有分离着变成筒形。那种筒形石莼，像肿胀的动物肠子，叫人看了实在不痛快。

“红藻是产在深海里的，包括一切红色和紫色的藻类。叶绿素被红色的藻红素包着。由光合作用制成的不是普通淀粉而是红藻淀粉。它们通常长在别种植物的体上，也有附在岩石上的。形状大小不一：小的要用显微镜才看得到，大的有几寸高。”

吉儿抬头一想，忽然记起一件事，便问道：“昨天我们喝的紫菜汤，也有些腥气，莫不是用红藻做的？”

母亲听了就哈哈大笑说：“正是！紫菜是红藻里面牛毛藻科[①]紫菜属的植物呀！它的形状像一条条的小带，也稍稍分枝。颜色有红紫、绿紫、黑紫等，长一两寸，宽约两三分。在冬春两季，采来晒干，压成叠纸状，便成咸货店里出售的紫菜了。

“这种海藻的繁殖法，也很特别。身体中一部分细胞分裂，长成许多精子。后来细胞膜破裂，精子便出去了。这种精子和普通的精子不同，没有被膜和鞭毛，不会运动。卵细胞生在内容充实的母细胞内，每个 1 枚，用皮膜包着，这部分向外凸起。不会运动的精子，在水里漂流着。如果获得机会，到达造卵细胞的表面，便附着不动了。接着周围生长一层膜，腹面再伸出一条鸟嘴般的授精管。精子囊里面的雄核，便从授精管下去，到造卵细胞里和卵核合并，完成了受精作用。受精卵经过三回分裂，变成 8 个。后来造卵细胞的外膜破裂，8 个受精孢子出来，在水中漂流一会

① 今名红毛菜科。

儿，找到可以附着的物体，便再长成一条紫菜了。它们还会长成无膜孢子，来行无性繁殖。”

吉儿再问：“此外，可以吃的海藻还有吗？”

母亲说：“多着呢！像石花菜，原是紫红色灌木状的海藻，生在海底的岩石上，约有四五寸高，晒干后变成黄白色。因为细胞膜的外层多含胶质，可以熬制冻胶。作为夏天食品，麒麟菜是红藻类鸡脚菜属[①]的植物，也生在海中石上，颜色鲜红，外形和鸡冠相像。晒干贮藏，可以煮成糊吃。”

白木耳和黑木耳

吉儿家里，这几天来了一位远路的客人，便是振华舅舅。吉儿妈照料饭菜点心，很是忙碌。有一天，吉儿看见母亲把白色微黄，像象牙雕成的花朵或耳朵似的东西，从小盒子里拿出几团浸在温水里。一会儿就膨胀起来，变成一碗冻胶。吉儿用指头去碰一碰，是那么柔软，简直同嫩豆腐一般。母亲又拿了一只大碗，盛了冷水，把那碗冻胶倒进去，慢慢地用指头洗去泥沙和夹在褶缝里的秽物，剪去连在柄上硬的部分，再换清水浸着。吉儿便问：“这是什么东西？”

① 今名麒麟菜属。

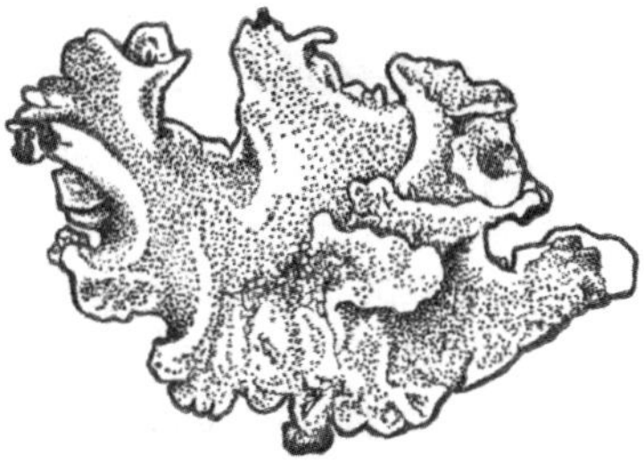

黑木耳

白木耳（银耳）

妈妈说：“这叫白木耳，又叫银耳，是我国特产的滋养品，四川省出得最多。振华舅舅带来送我们的。”

第二天清晨，妈妈把浸好的白木耳倒进瓦罐里，加水，放炭炉上，用小火慢慢煎熬，一会儿变成糊一般的东西了，再加冰糖，等到完全溶化，便盛了一碗，叫吉儿拿去给振华舅舅吃。

吉儿便问振华舅舅：“这种白木耳，究竟是用粉做的，还是用糖做的？”

振华舅舅说：“白木耳是一种菌类植物，属担子菌群胶菌族[①]胶菌科。担子菌群是菌类里的一大群，不开花，不结果，专靠孢子来繁殖，和高等植物的种子一样。植物体原是在地下或腐朽木材里蔓延的菌丝，好比高等植物的根、干、枝、叶。到长成后，便由菌丝上抽伸担子柄，直向空中，好比花萼、花瓣、雄蕊、雌

① 今名胶菌目。

蕊。担子柄上面着生孢子，老熟后，孢子向四处飞散。到了适当的场所，便吸收水分，发芽，长成菌丝，再蔓延开去。担子柄和孢子场所合称子实体，是菌类的繁殖器官。

“胶菌族的特征，便是担子柄由并列着的 4 条长形细胞构成，顶上各生 1 个小柄，柄尖生 1 个孢子。子实体的外面，有胶状体保护着。它们多生长在已死的树木上，营死物寄生。我现在吃的，便是耳状子实体和胶质物。”

吉儿又问：“那么这些白木耳是从山里采来的吗？”

振华舅舅说：“起初也许是采集自然生长的。后来因为吃的人多，光靠采集不够供应，便有人来种植了。现在呢，光四川一省，每年要产 20000 多斤，变成一种重要商品了。

“白木耳是我国的特产。主要出产地是四川的通江、万源及巴州、南江；贵州的遵义；西康的巴安、甘孜[①]；陕西的西乡、镇巴；湖南、河北、山西等省的深山里。

“至于种植白木耳的方法，首先要拣好山岭重叠、林木茂盛、气候温暖、雨量充足的地方，作为培养地。其次，拣好白木耳喜欢寄生的母木，像壳斗科里的枹树、栎树、槲树等都是。但要 3 年以上的，拣好后把树砍倒，截去小枝，将树干截成 3 尺长的木段。如果是六七年生的粗干，有的对剖，有的在表皮上砍些裂口。

① 西康是中华人民共和国原省级行政区，所辖地为现在的四川省西部及西藏自治区东部，巴安、甘孜现在皆隶属于四川省。

这些木段叫作耳棒，再把这些耳棒堆在潮湿的树林里，最好略有阳光透射进来，风吹不到的地方。度过一个寒冬，使耳棒表面腐化软化，便于分生子繁殖。到农历二三月里，天气转暖，便把耳棒排列在树林下面，几十条一处，这叫耳床。新耳床一定要设在离老耳床不十分远的地方，否则产量不高。一到初夏，几回晴雨之后，耳棒的裂口上就可看到白色的担子柄，三四天内，长成灿烂的耳花了。这就是白木耳。

“到了这时，便要前去拾取，如果太迟，花朵萎凋腐败，便不能吃了。以后每隔 10 天，可拾取一回，直到秋末为止。一条耳棒上，究竟可采取多少耳花，要依看气候的干湿而定。太干，太湿，都要减少的。也有去冬不伐木，到了早春叶芽萌动时，再伐木截条的，这叫‘芽子山’，那么秋季仍有耳花采摘，直到西北风吹来为止。”

吉儿忙问：“采来的耳花，怎样来烘干呢？”

振华舅舅说：“在耳花旺发时，全家老小都得上山拾取。拾取时候，手势要轻松，如果表皮一破，胶水便流出来了。拾起的耳花，先放在竹篮里，积得多了再倒入麻袋，在溪水里淘洗。拿回家后，把耳花串在细竹签上，搁在下有炭灶的铁丝笼上面。火势要低，缓缓烘干。如果火太大了，容易烘焦，颜色也不白，干燥过度，容易破碎，外观不美。如果火势太低，便不容易干燥，水湿久积，耳质容易腐化，色泽灰褐，也有转成黑色的。

“白木耳的颜色，当然越白越好，淡黄或黄色的，都是次货。

过去有些做生意的人，常将不白的耳花，用硫黄熏或明矾漂洗的。”

“那么白木耳为什么算作补品呢？”吉儿再问。

振华舅舅说：“我们吃白木耳的历史，还不过四五十年。据说在前清光绪年间，四川万源县[①]西区是生产黑木耳的地方，偶然有些白木耳混生在里面，种木耳的人觉得稀奇，拿到城市里去卖，有些人买来作为案头摆设，同瓶花一样，后经试食觉得有益身体，于是大家吃，大家种了。所以白木耳虽算补品，但古代医药书籍上都没有提到，可说是劳动人民的一种新发现。

“至于它的成分，据胡泽女士分析结果，水分 15.2%，无机盐类 4%，粗纤维 2.4%，糖类 71.2%，蛋白质 6.7%，脂肪 0.6%。后面三项，都有营养价值的，不过蛋白质和脂肪含量不多，无关紧要；糖类占的成分很大，实在是我们吃白木耳的主要目的物。这些糖类里面，有许多肝糖，可以补充身体中糖分的不足，减轻肝脏的工作负担。而且它的糖类呈胶质状态，有增加血液黏度、防治出血、助消化、治便秘的功效。

“从前每两要三四块硬币。现在已便宜得多了，大约人民币 10000 元[②]就可买到 1 两。希望以后能够大量生产，售价再低廉些，使一般劳动人民也可买来治病养身；一面再作科学的研究，

① 今四川省万源市。

② 本书以商务印书馆 1953 年出版的《植物漫话》为底本。当时，10 000 元人民币约等于现在的 1 元人民币。

把里面的有效成分提炼出来，制成各种形式的滋养药品，推销到国外，也是我们对世界其他劳动人民的一点贡献。”

吉儿听得很欢喜，接着又问：“那么我们做菜吃的黑木耳呢？是不是白木耳染黑的，为什么没有胶质呢？”

振华舅舅又对他说：“黑木耳原是白木耳的堂房弟兄，都属担子菌群。黑木耳是木耳族[①]木耳科，也是营死物寄生的，长在桑、柳、榆、椿等腐朽的树木上。黑木耳菌丝，起先在木质里蔓延，后来，生耳朵般的子实体。这种子实体，外表暗褐色，也有胶质，大的直径有两三寸，面上生毛，像剪绒一般。担子柄由 4 个细胞构成，排成 1 条线，每个细胞都伸出 1 条旁枝，顶上生 1 个孢子。把这种木耳采来烘干，便是店里出售的黑木耳了。在四川那边，黑木耳也是大量种植的。因用的木料不同，所产木耳也有种种名称，像桑耳、槐耳、榆耳、柘耳等。我们吃黑木耳好像是嚼不碎的，这是它的胶状体干燥后不易溶化的缘故。”

香 菇

吉儿家里今天因为请客，格外忙碌。吉儿妈妈解开一个纸包，里面全是暗褐色、有柄、有盖、雨伞一般的东西，又把它们浸在

① 今名木耳目。

冷水里。

吉儿觉得奇怪，忙问："这是什么东西？有什么用处？"

母亲说："这是香菇，又叫香蕈。拿来做菜吃呀，味道真鲜美呢！"

吉儿想了一会儿，便想明白了，说："这就是老师讲过的菌类吧！"

这时，振华舅舅刚从房间里走出来，说道："香菇也是担子菌，和前面讲的白木耳一样，先在腐朽的木段皮下，生长雪白的菌丝。到了一定时候，就向外面长出葫芦形的子实体。后来上段特别大起来，下面的边缘和柄分离，向上张开，变成了伞形。上面的叫作菌伞，下面一条粗柄，叫作伞柄，干燥后，便成香菇。"

"那么菌伞底面，一条一条的是什么呢？"吉儿又问。

振华舅舅说："菌伞的底面，有无数的狭长薄片，一端连着伞柄，一端连着伞缘，看去好像褶裥一般，叫作菌褶，上面生着无数的孢子。香菇一类菌，因为形态特别，所以在担子菌群里，另外成立一族，叫作帽菌族或褶菌族[①]。

"香菇，原先也是自然生在枯树上。人们采它来供食用。后来吃的人多起来，便有人到山里去种植了。

"种香菇的方法，大致和种白木耳相像，要用楮、朴、栎、

① 今名伞菌目。

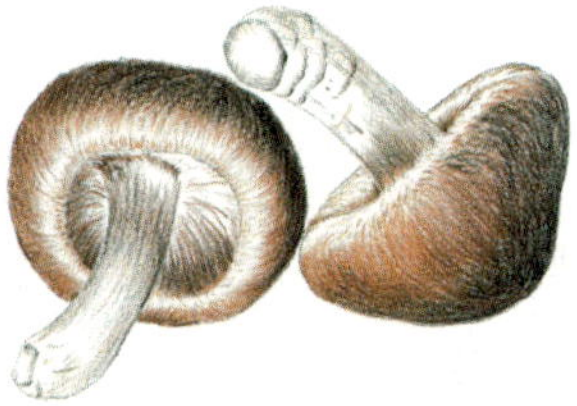
香菇

枫[1]、柯等粗大树木。树龄最好在10年到40年之间。10年以内的，树皮太薄，不大合用。树木的直径，要从三四寸到七八寸光景。树木拣好后，要等到深秋树叶飘落、树干里含着丰富养分的时候，用锯锯倒，整棵放着，让它自然干燥。这样树木里面的养分，可以完全蓄积着，不致流失，而且树皮和木材部，不会脱开。到了明年三四月里，把细枝砍去，主干锯成好多段，叫作段木。

“段木锯好后，可用斧头在树皮四周砍上许多斜沟，伤口都向着细小一端。沟纹深一分半光景，沟纹和沟纹隔开六七寸。

“段木做好后，便要采取菌伞还不曾张开的新鲜香蕈，剪去菌柄，伞褶向下，放在玻璃板上或者瓷盆子里，再用一块清洁的布盖着，放进橱里。这样经过一两夜，拿去菌伞，便见下面有一层白色粉末。这就是从褶上落下来的孢子，和高等植物的种子一样，有发芽长成菌体的能力。我们可用清洁的毛笔，蘸水把孢子粘着，放到盛着水的杯子里去，就可供播种用了。此外还有采取连生3年香菇的枯烂树木，剥去树皮，刮下菌丝最多的部分细细研碎，也可和在水里下种。从30多只香菇采来的孢子，大概可种

① 本书中的“枫（树）”均指枫香树，与槭树不同。

直径四五寸、长约 4 尺的段木 100 根。下种时，可把含有孢子的清水（叫作种液），装在壶嘴细长的白铁喷壶里，灌到段木的沟纹里去。如果大量种植时，可先把段木密密地排在地上，再用喷壶喷洒种液。此外还有注射法和浸渍法。

“下种完毕，便可把段木移到菇场里去。菇场要选择东向或东南向的山坡，并且有茂盛的树林，有隐约的阳光照进来。地上安放石块，把一根小些的段木搁在石块上，作为枕木。再把别的段木，粗大一头搁在枕木上，细小一头放在地面。这样阳光不会射到沟纹的里面去，菌丝不会枯死。段木安放后，再盖上枯枝柴草，保持适当的温度和湿度，使分生子能够发芽。分生子发芽变成菌丝，钻到皮层和木材部的中间，吸收养分，四处蔓延。大约经过四星期，菌丝已十分发育，便可把盖着的东西拿去。

“段木在菇场上经过 14 个月到 17 个月，就是到第二年的春天或秋天，树皮上已经会发出瘤状的白块，是快要生香菇了。这时必须把段木竖起来，否则香菇生出后，不容易采摘。竖立段木的方法，可先把细木横条钉在树木和树木的中间，再把段木依靠横条立着。

“段木竖起后，便有香菇生出来。春季格外旺，菌伞很肥厚，顶点附近还因表皮开裂而现出花纹，叫作花菇，价钱特别贵些。秋季生的菇，伞部很薄，产量也少。

“采菇的方法，手拔刀割都要牵动菌丝，减少产量。最好是用剪刀去剪。采下来的鲜菇，要赶快烘干或晒干，才可长久贮藏。用火烘干的，要在屋内造一个烘灶，四周放着架子，架子上面放竹匾，里面盛着鲜菇。火力先要弱些，后来慢慢加强，同时要把架子上的匾调换位置，使受到的火力均匀。晒干，便用席摊晒在地上，至少要晒三四天，才会干燥。此外还有阴干、串干等方法。”

吉儿听了这一大套话，接着又问：“干燥后，便是店里出售的香菇吗？”

母亲回答道：“是的。此外还有柄粗伞小的麻菇，是产自北方的。又有伞部大得非凡，直径有四五寸的冬菇，据说是在冬天产生的。”

振华舅舅又补充着说：“香菇，我们南方也可种的，像安徽、浙江、江西、福建、广东等省的深山里都有人靠种菇过活的。”

吉儿又说：“香菇既然原先是野生的，我们何不到树林里去采些来吃，口味总要比干的好些吧？”

振华舅舅说：“对的，不过错吃了毒蕈可就不得了呢！”

吉儿说：“哥哥讲过，毒蕈多是红色和橙色，而且多有臭气。我们拣白色蕈采就是了。”

振华舅舅说：“毒蕈里面，也有和食用蕈很像的，蝇蕈、死蕈[1]便是。蝇蕈常在松柏等森林里繁殖，瘠薄的土地上格外多，不过在草地上很少看到。它是单独发生，并不成群的。褶部是白色的，柄中空，也是白色，上面带着一个环。这是在菌伞未张开前，连着伞缘和柄部的薄膜，伞部张开后，膜便萎缩成环，留在柄上。柄的基部是圆球形，下面有许多碎片。伞面是黄色、橙色，有时带红色，还有角状凸起的小片，容易脱落。死蕈常常生在木材上，或田野的边缘，草地上也不大看到，单独生长，并不成群。褶和柄也是白色。柄基略呈球形，球部的上方有一鳞片状的膜，叫作团片。伞部的颜色不一定，有的暗黄色，有的橄榄色，也有现着光彩的白色。并没有干燥的鳞片，像蝇蕈那样，偶然也有少数膜状的缀片。

“蝇蕈里面有两种毒质，甲种是溶解在酒精里的结晶体，乙种可作镇静剂和瞳孔放大剂用，把 1/100～1/50 克分量的，行皮下注射，便有效了。死蕈的毒素，据阿贝尔和福特（Abel and Ford）说，一种是和血液相像的物质，能够沉淀在酒精里，但不会被受热和酸酵作用破坏。第二种叫作死蕈毒[2]，用 0.4 毫克的分量，便可在 24 小时内杀死一只白鼠。中蕈毒的人，多半是吃了这种死蕈。不过吃下去，并非不能救活的。如果吃的分量不多，并用人工洗胃，或自然呕吐，排出了毒物也就没事了。

---

① 今通称鹅膏、致命鹅膏。

② 今通称毒蕈肽。

“有人说，什么地方生的蕈吃得，什么地方长的蕈吃不得；哪些时候长的蕈可吃，其余便吃不得；什么颜色或形状的蕈一定有毒，其余无毒等话，都是靠不住的。一定要知道蕈名，明白它们的性状，才不会误吃毒蕈呢。”

吉儿听了后，一定要振华舅舅陪他去采蕈的标本，让他明白明白。

三　苔藓植物

土马鬃[①]和地钱

吉儿近来很喜欢盆栽的花卉，家里原有几盆梅花，早晚浇水、捉虫，都自己来干。有一天，他看到树干上长起绿色的毛来，心里很觉奇怪，便走去问父亲：

“花盆里的梅树干上，为什么长出绿毛来呢？”

父亲跑去一看，笑着说：“这是长在树干上的土马鬃，是一种藓类。你看！还有贴在土面上的绿色薄片，名叫地钱，是一种苔类。”

吉儿问：“土马鬃仔细看来，是一条条的轴上长着鳞片状的细叶，倒有点像杉树，可是松柏科的植物？它的花和果是怎样的形状？”

---

① 这种藓类今名金发藓。

父亲说："土马鬃是很普通的藓类，并不属于松柏科。藓类和苔类，合称苔藓植物，是比菌藻类进步的一大群植物。它们不开花，不结果，凭着孢子繁殖，和菌藻植物相同。"

吉儿再问："那么苔藓植物的生活史怎样，请您讲给我听！"

父亲说："我们先讲土马鬃吧！它的孢子小得要用显微镜才看得出，到了潮湿地方便吸收水分，开始发芽。首先伸出来的，是一条有隔膜的丝状体，一面贴着树干或地面蔓延，一面分枝。丝状体的下面有一行细胞，特别发达，构成假根，伸入树皮或泥里吸收水分、养分。不久，下面的有些细胞长成了芽，再向上空伸一条直立的轴，周围长满线状的小叶，所以根、茎、叶的区分，已经有了一个开端。

"后来在茎的顶端，形成雌器和雄器，外面有绒毛状的线状体和叶包着。有些藓类是雌雄异株的。雌器里面长成卵细胞，就是雌性配偶子；雄器里长成精细胞，就是雄性配偶子。"

吉儿又问："这些精细胞，是由昆虫带去的吗？"

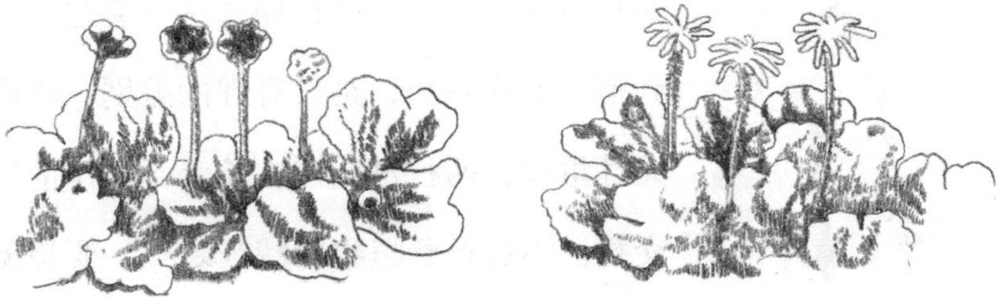

地钱

父亲说："这倒和花粉不同，不必昆虫费心。苔藓植物的精细胞，稍带丝状，一端具有一对鞭毛。趁着下雨天，从水里游泳开去，有的到达雌器里面。精细胞一到雌器里面，其中一个精细胞便和卵细胞合并，也叫受精。受精卵在雌器里，分裂又分裂，扩大到相当程度，便又分作两部分，即柄和孢子囊。孢子囊又叫造孢本，在柄的上端。柄的基部埋进茎轴的顶点，有从母体吸收养分、水分的作用。柄慢慢地伸长，孢子囊也发达起来了。你看，上面一粒一粒的，便是孢子囊呀！"

父亲随手采下了一个土马鬃的孢子囊，放在白纸上用手指拨去上面的盖，里面有细尘般的孢子出来。

父亲说："这叫藓盖，成熟后会自然脱落，让孢子出来。"

吉儿又问："听说苔藓植物是行'世代交替'的，这话又是怎样讲的呢？"

父亲说："土马鬃的生活史，可以划分两个时期，从孢子发芽起，直到卵细胞受精止，植物体上是具有雌雄性器官的，叫作有性世代。从受精卵开始分裂起，直到孢子囊成熟止，是没有性的差别，叫作无性世代，两种世代挨次轮流，叫作世代交替。不过苔藓植物的特征之一，便是无性世代植物体，寄生在有性世代植物体的

土马鬃

上面。”

吉儿又问：“那么别种植物，是不是也有世代交替的情形呢？”

父亲说：“有，像羊齿植物，从孢子发芽长成原叶，上面生雌器、雄器，直到卵细胞受精止，完成了有性世代；但从卵细胞发育长大，成为有根有叶的一棵植物，便是无性世代了。它的无性世代植物体非常显著，恰和苔藓植物相反。”

吉儿又一指花盆，说：“那么这些梅树呢？”

父亲说：“种子植物也行‘世代交替’的。这棵梅树，要长花粉和卵，当然是有性世代了。卵细胞受精后，分裂又分裂，长成了一个胚，便是无性世代。它和苔藓植物一样，无性世代的植物非常不显著，埋在有性世代的组织里。”

吉儿问：“苔类和藓类的主要差别点在哪里？”

父亲说：“苔类和藓类，性器官构造基本是相同的；但营养器官方面，多少却有不同。苔类的植物体或叶状体，多少贴附在别的物体上，例如岩石、泥土，或者稍稍斜向上方。至于藓类，普通当作植物的部分，总是直立上升。藓类的叶，是在一条茎上，四处放射地生长着。因此，藓类是有放射构造的。至于苔类呢，植物体是分腹背的，上面的绿色浓，下面的绿色淡，这叫作腹背相称的构造。”

吉儿问：“苔藓植物可以分作多少种类？”

父亲说：“苔藓里面，可分三个主要部门，便是地钱族、鳞苔族和角苔族。藓类通常分作两族，即真藓族和水藓族。土马鬃是属于真藓族土马鬃科[①]。”

吉儿又问：“苔藓植物有些什么用处呢？”

父亲说：“从化学方面来研究苔藓植物的人并不多。成分方面，已经发现的，有单宁、树脂、芳香油、葡萄糖、酒精、色素、有机酸，像枸橼酸、蓚酸、酒石酸等。在苔藓植物上，有时可发现淀粉和硅盐。有几种地钱和鳞苔藓，是作药材用的。”

① 今名真藓目金发藓科。

四　羊齿植物①

蕨和木贼草

学校里放了寒假，吉儿一个人到姑母家去玩。一进门，只见姑母、姑父和几个表兄弟正忙着：他们把小指般粗细、外皮黑褐色的根，在水里洗了又洗，再在臼里捣个稀烂；姑母又高高地卷起袖口，把捣烂的根放在布袋里，浸入木盆中的水里，一径揉搓盆里的水，后来，盆里的水现乳白色了就把布袋里的根，拿去再捣。木盆里的粉质沉淀后，除去上面清水，再倒入瓷缸，移到太阳下去晒。

吉儿看了半晌，忙问："你们在忙什么？这是什么树的根呀？"

姑母说："这不是树根，是蕨的地下茎，我们每年冬天都要做点蕨粉，你来得正好，帮帮忙吧！"

① 今名蕨类植物。

吉儿一边帮着做，一边拿起蕨茎来细细观察，只看茎的外面，包着一层黑褐色的薄膜，下侧长着一条一条须状的根，正和书上的插图一样。再拿茎的切断面来看，有几条粗细不等的淡黄色的筋条，吉儿知道这便是老师常常讲起的维管束。

这时姑父又跑过来说：“你看这种维管束的排列式样很像竹、棕榈等单子叶植物的茎里的维管束，也是点点散布，中央稀，周围密的；而双子叶植物茎里的维管束，是导管部在内，筛管部在外，大家连接起来，排成圈子。在蕨茎里的排列法是在散点和圈子的中间。就每一条维管束说，无论单子叶还是双子叶植物，导管部和筛管部都是并列的。蕨茎上的维管束是导管部在中心，筛管部在周围，叫作同心维管束，别的羊齿植物也都是这样的。”

吉儿忙说：“蕨，老师也讲过的。它长着大大的叶子，呈复羽状，孢子囊群便长在叶背。还有孢子囊群被、孢子囊、环带、孢子，真有点分不清。”

姑母说：“像薇[①]那样，孢子囊群是长在特殊抽伸的一条不含叶绿素的孢子叶上的。普通叶上，不生孢子。蕨和薇都是羊齿植物。”

一会儿，蕨粉晒干，小表弟便拿了一块给吉儿看，上面还有

① 薇，今名紫萁。

淡褐色的一层滓屑，下面有一层泥沙。吉儿用一把小刀把上下两面刮削干净，便制成清洁的蕨粉了。

姑父又从橱里拿出一大包蕨粉，拣出几块，用纸包好，交给吉儿，要他带回家去，并且说："蕨粉可以包饺子吃，又滑溜又坚韧，要比水磨粉好得多。可做小汤团吃，还可调羹，吃法很多。如果冲糊用，黏力极强，碰到水都不脱去，所以包在果实外面的纸袋，最好用蕨粉来糊贴。"

吉儿被留着吃午饭，桌子中央放着一海碗的羹，便是用新做的蕨粉调的。姑父又告诉他："还有一种蔓生的豆科植物，叫作葛。它的根像老丝瓜一般大小，里面含着许多淀粉。我们过几天也要去掘来做粉，这叫葛粉，又叫山粉，店铺子里也有出售的。葛根漂粉后的滓（大部分是维管束），是修木船的材料。"

饭后，大家又谈到羊齿植物的世代交替了。

姑父说："你看蕨和薇不曾开花，便结下孢子，这叫无性世代，因为既没有雌雄株，又没雌雄器官。不过孢子发芽后，并不是立刻长成蕨和薇，还要绕一个大弯儿呢！

"孢子发芽后，先长成一片叶状体，心脏形的居多。细胞里含着叶绿素，所以颜色是鲜绿的。这种叶状体，春天我们可在潮湿的地方看到。你要培养也容易，只需把孢子散在潮湿的绒布上，放在温暖的地方，过了几天，会长叶状体。叶状体的下侧，有几条细根，构造简单，所以叫作假根。

蕨

“叶状体的下面，又长着许多雄器和雌器。雄器在心脏形的尖端，生长精子；雌器在中央部分，含着许多卵子，一部分埋在组织里面，上端有几个细胞构成颈部，将进出口拦住。到卵子成熟时，颈部细胞萎缩，开放口子，让精子进来。到精子和卵子结合，完成了受精后，卵子的外面便长起一层纤维质的膜。

“受了精的卵子，立刻发芽，并不需要休眠。向上伸出一片原叶，向下伸出一条原根，打横又伸出一条腿，又叫吸器，插进叶状体，吸收养料，暂时维持生活。到根伸入泥土里，脚或吸器立刻枯萎，于是变成一个独立生活的植物。接着抽茎长叶，便是我们看到的蕨和薇了。

“羊齿植物，多在树林下面生长着，大家也不看重它。但在几十万年前的古代，它们也在地球上称霸一时。许多古代羊齿植物，多是参天古木一般大小，而且形成大树林。它们枯死后的残骸，层层堆积起来，便成了煤的原料。”

“现在的羊齿植物里，有用的还有吗？”吉儿问。

姑父说：“多着呢！有的可以做药材，有的可以提炼芳香精，制造香水。像我们用来擦光木材的木贼草，也是羊齿植物。

“木贼草也是一种很古老的植物。和蕨相像，地下茎每年抽伸新芽，长成两种枝，一种是结实枝，发育起来，顶端生着一群孢子囊，叫作球果。孢子都呈球形，靠了两条螺旋形的带，帮助分布；一种是叶枝，鳞状叶是轮形地排列在枝的各节上。枝上含着叶绿素，能够营光合作用。木贼草的皮层里，有许多硅质，摸去很粗糙，所以可用它来擦光木材。”

木贼草

五　裸子植物

银杏树

吉儿放学回家，路上看到有一个挑着担子的人，边炒边叫卖“盐炒热白果”，到了家，忙去问母亲：“白果究竟是什么东西？我们去买些来吃吃看。”母亲真的跑出去，买了一包回来。

吉儿看到白果外面是黄白色的硬壳，只轻轻一咬，便碎裂了。剥去外壳，里面有一层褐色薄膜，裹着一粒椭圆形的仁。颜色碧绿可爱，又是那么软软的。吃到嘴里，觉得清香微甜，而略带苦味。母亲又告诉他：“你把这仁分开来，里面有黄白色的一条，把它拿去再吃，便不会苦了。”吉儿照样一试，果然不错。

“这是生在哪些树上的？我们这里种得吗？”吉儿问着。

母亲说：“白果是银杏树上的果实。银杏树的结果年龄很迟，‘公公种树苗，孙子吃果子’。譬如说，爸爸种了一棵银杏，一直要到你生下孩子，长大后，才会结果，所以也叫公孙树。它是属于裸子植物里的公孙树类，公孙树科。”

银杏

吉儿又叫起来：“它的种子明明包裹在壳里，怎么说是裸子呢？”

母亲说：“这是指开花时期讲的呀！胚珠长在闭口的大孢子叶里（便是子房的皮层，又叫心皮），受着保护和盖覆，直到它长成，种子成熟，这样的植物叫被子植物。胚珠生在一大孢子叶上，裸露着。长成种子后有的仍旧裸露着，有的大孢子叶长成厚厚一层肉质，包裹在种子的外面。前者像松树、柏树都是，后者像银杏、桧、榧等。你刚才吃的是胚乳，里面黄白色的一条是胚，外面薄膜是内种皮，硬壳是外种皮，都是珠皮、大孢子囊、胚囊长成的。本来硬壳外面，还有黄绿色的一层肉质（叫假种皮），像梅子、杏子一般。不过银杏的肉质都是不能吃的。要堆在一处，让它自然腐烂后，再在水里淘净，剩下的便是白果了。”

吉儿问：“银杏树是这样长起来的！什么叫作大孢子叶？”

母亲说：“我们炒来吃的白果，如果把它放在湿润的泥土里，得到温度和水分，胚便吸收胚乳的养分，开始活动。胚是由幼茎、幼根和子叶三部分构成。后来硬壳裂开，根便伸了出来，子叶被高高举起，钻出地面。到胚乳落下后，仿佛小孩子断了乳，它就开始营独立生活了。幼根上面再一回回地分生枝根，叫作第二次根，构成一个发达的根群，幼茎是一径向上生长，毫无限制地长下去。以后的分枝，保持着多少整齐的间隔，向四周伸出去，形成圆锥形的树姿。叶片有两种，一种是鳞片形，一种是扇面形，扇面形的叶片上面往往有一个深缺，成簇地长在枝的尖顶或节上。

“到了结果年龄，银杏树便在春天发叶时，从短侧枝上叶片或鳞片的腋里，抽伸花朵了。

“白果的花是雌雄异株的。就是雄的银杏树，专开雄花；雌的银杏树，专开雌花。不论雌花雄花，都没有花瓣、花萼这些器官，只生着大小孢子囊，倒是非常节省。

“许多雄花，生在短轴上，好像一串小葡萄。每朵雄花，有一条短柄，这叫小孢子叶，和羊齿植物叶状体上面生的雄器，以及被子植物的雄蕊上的花丝一样。上面生着两个小孢子囊，和花粉囊一样。小孢子囊膜，各部厚薄不匀，干燥时，起不均衡的收缩，囊就裂开长缝，里面的小孢子（花粉）飞散开去，到达雌花上，便可受精。

“雌花的构造是这样：有一条柄状的大孢子叶，它的作用和被子植物的子房壁、苔藓植物的瓶形雌器相同，无非是着生和保护大孢子的。柄的上端有一个或两个裸露的胚珠。这就是裸子植物的特征。胚珠由胚珠心、珠皮、花粉室三部分构成。珠皮虽包着大孢子囊，但顶上留着一个开口，叫作珠孔。大孢子囊里，有一粒大孢子。大孢子便是胚囊，里面有一粒卵子。卵子受精后，便变成了胚，大孢子别的部分便发育起来，长成胚乳，贮藏着胚需要的养料，也就是我们吃的部分。此外大孢子囊和珠皮，变成了膜和硬壳，这条柄发育起来，就是肉质的假种皮。

“裸子植物，是一群古老的植物，在三叠纪时代特别兴旺，多数是灌木和乔木，又以终年不落叶的常绿树居多。现在共有松柏类、苏铁类和公孙树类三大类；其中公孙树类，只有一科一属一种，便是银杏树。因为这种树木结果周期太长，适应环境的变化很慢，因此慢慢地消减了。现在全世界上，只有中国和日本还能看到它。这是因为它的叶片形状美观，到了秋天，又会变成鲜明的黄色，木材坚实细致，可做器具，也可造房屋，特别受着人们的保护栽培，所以才残留下来的。”

吉儿听完了说：“不单白果好吃，连银杏树都是有用的树木，我们也在园内种两棵，一雌一雄，看它到什么时候才结果实。”

水杉和杉

吉儿从老师那里知道西湖里要开浙江省农业展览会了，便回去和母亲商量，想去看看，长点见识。到了那天，便跟着母亲一同去。

会场设在西湖里孤山附近，有稻麦馆、棉麻馆、蚕丝馆、水产馆、畜牧馆、森林馆等。穿的、吃的、用的、玩的都有，数不清的陈列品，吉儿看得眼都花了。

吉儿跨进森林馆，只见左侧墙上挂着一幅横额，上面写着“植物界的活恐龙”七个大字，好生奇怪，心想：恐龙是几千万年以前，横行世界的巨大四脚蛇，早就断种了，现在只能凭掘得的残骸化石，来想象它当年的形态，怎么又活了起来呢？怎么又把它排到植物界里去，陈列到森林馆里来呢？真有点搞不懂了。

吉儿赶忙跑过去看，原来只是用瓦盆种着几棵杉树模样的植物。一条直立着的主干上，每节各有相对斜斜伸展的枝条，并且上下两节，相互更换伸展的方向。例如：最近地面的两条枝，是斜向东西；上面的，一定斜向南北，第三节又恢复到东西向了。这样整齐地上去，造成四出形。而且下部枝长，上部枝短，远远看去，恰像一座四挑角的宝塔，非常美观。

枝上都长着小枝，向两侧水平地伸展，小枝上面长着狭披针形的、没柄的短叶，交叉对生，呈假两列状。每条带叶小枝，真像一把小小的竹篦子。水杉实物标本附近的墙上，还挂着一幅画着水杉花果的图。雄花都排成圆锥形的穗，长在没叶的短小枝的顶端。每朵雄花有 3 个粉囊。雌花也是集成穗形，和松球相像，下面有一条长柄，生在长叶的长小枝上面。一共有 11 到 14 对鳞片，交互对生。球果是圆形，稍现四棱，也有稍稍带方的圆形。

杉树

鳞片呈盾状，顶端中央稍稍凹下。每一鳞片上有5粒到9粒种子。种子是倒卵形、扁平，两边有狭狭的两条翅。

吉儿看了一会儿，也感觉不到兴趣，便牵着母亲的手，到园艺馆去看花卉果树了。

农展会看完，吉儿母子二人，雇了一只小划子，在平静似镜的湖面上，向着新市场划去。这时吉儿静下来，又想到那条“植物界的活恐龙”，便开口问道：“刚才我们看到的几棵水杉，好像没啥稀奇，为什么他们这样看重？”

母亲说：“水杉是一种落叶型的大树，一到冬天，小枝便带叶落下，只剩下光光的粗枝。高的可到10丈。

“最先发现的，是国立中央大学①森林系干铎教授。1941年，他路过四川万县南边的磨刀溪，看到三株落叶大树，形态和松杉相像。后来托人采得标本并且知道本地人是叫作水杉的。再经过各位专家的调查研究，又在湖北利川县②境内，从水杉坝到小河

① 中华人民共和国成立后更名南京大学。
② 今湖北省利川市。

水杉

1. 叶枝 2. 球果 3. 雄花枝 4. 雄花穗 5. 一朵雄花 6. 种子

一带，40 多里的山谷里，发现大小水杉 1000 多株。最大的一株，在汪家营，高 35 米，近着地面的直径，有 1 丈左右，要五六个人才能合抱起来。总之，从四川万县到湖北利川县，方圆八百里的范围内，都是水杉的分布区域。那边海拔在 1000 米左右，雨量充足，空气潮湿，冬天也下雪，但并不怎样寒冷。水杉还有一种特别脾气，喜欢长在水边。即使终年浸在水里，也能生长。这就是大家叫它水杉的缘故。

“1948 年，确定我们的活水杉是和化石水杉（Metasequoia）同一属的，而且是这属里唯一的活标本，这事便轰动了全世界。”

吉儿又问：“偶然找到的一种特别的植物，不是太平常吗？为什么说得这样了不起？依我看来，还是熊猫好玩呢！”

母亲笑着说：“水杉原是 1 万万年以前，在北极圈内生长的。因为曾经在 1 万万年前的下白垩纪地层中，发现水杉的化石。后来到 4000 万年前，地球上的气候温暖，水杉便逐渐向南繁殖，像欧洲的西北部和东部，亚洲的东部和北美洲的西部，到处都长着水杉，仿佛现在的松树，3000 万年前移到我国东北、朝鲜及美国西部，2000 万年前移到日本的东京附近和中国的四川、湖北。虽是几千万年前的事情，但我们还是可以从各种地层中掘得的化石约略推算出来。”

吉儿又问：“美洲和日本不是和欧亚大陆隔着大洋吗，水杉怎能繁殖过去呢？”

母亲说："在4000万年以前，北半球的大陆都连成一片，格陵兰和附近各岛，也都连在北美洲上，所以水杉能够在欧、亚、美三洲广泛地生长。2000万年前，地面的气候发生了很大的变化，北方格外寒冷，水杉逐渐南移。但又因各地气候干燥，不宜生长，便在地面上绝迹。人们只得凭着零星化石，去想象它当年的姿态。这种情形和发现恐龙的情形差不多。现在居然找到了活的水杉，不就是'植物界的活恐龙'吗？科学界把它看作20世纪的重要发现。在这件事上，越发显得我们祖国的伟大了。"

吉儿问："那么水杉到处能种吗？有些什么用处呢？"

母亲说："水杉的适应性很强，全世界北从阿拉斯加，南到爪哇，已有170多处的植物园和林场，都已栽培由中国寄去种子长成的水杉。我国南北各地，大部分都能种植水杉；近水地方，生长得特别好些。幼年水杉，树成塔形，可以点缀风景。木纤维很长，颜色又淡，少油脂，可作造纸原料，因此实在有把它拿来大量造林的需要。水杉和银杏都是我国特有的'活化石'，而且都有很大的用处，你看我们可以多么自豪！"

母亲又接下去说："在松柏科植物里，我国还有一种特产树木，便是杉树。我们用它的木材，来造房屋，来做器具。而且东南、西南到处都有，产量是全世界第一。所以，在实用价值方面，它还高过水杉呢。"

吉儿问："杉树的形态、习性是怎样的？"

母亲说："杉树是松柏科杉属的常绿乔木，高的可到几丈。叶小，像针一般，略向上面弯曲。夏天开花，雌花和雄花都长在同一棵树上。果实是圆形的球果，成熟后果鳞开裂。我们如果把树干锯成了板，可以看到边材是白色，芯材是淡红色，纹理直，坚软适宜。有红杉、白杉[①]两种。红杉芯材特别红，质地不及白杉坚牢。"

吉儿问："杉树的繁殖法怎样？"

母亲说："杉树可以用播种法来繁殖。但温暖湿润的地方，可以在惊蛰前后截取一两年生枝条，在山上扦插，也能长成新苗，而且比播种来得又快又方便。此后不到几年，便能长成一片杉树林了。"

① 这是根据木材颜色对杉树所作的实用分类，不是指植物学上的红杉。

六　单子叶植物

竹

吉儿的舅母家，今天送来两篮笋。母亲忙着剥壳，准备趁新鲜，烘成笋干。外面的壳是红褐色，上有暗褐色的圆斑，里面的肉又白又嫩，并且还有一节一节的圈子。吉儿又问在旁边帮母亲做事的祥姊说："笋是不是竹的孩子？我看很像呢！里面空，又有一节节的。"

祥姊说："你讲得很不错，是还未长成的竹竿，冬天在泥下面掏出来的叫冬笋，春天穿出地面来的叫春笋。"

吉儿又问："那么我们夏天吃的鞭笋呢？"

祥姊笑着说："鞭笋倒不是竹的孩子呢！长大起来，不会变成一条竹竿，只能长成一条竹鞭，它实在是竹鞭的尖端。"

"那么竹鞭又是啥东西呢？"吉儿又追问下去。

祥姊说："竹鞭吗？是竹的地下茎，有贮藏养料、支持长长的竹竿使它不倒挂下来和繁殖个体三种作用。竹鞭上可以看到好多节，每个节上都有一个芽，肥大起来，便是笋和竹了。孩子们挤在母亲身边，那么日光、空气、养料都会成问题的。所以竹鞭会远远地伸展开去，抽笋长竹，使大家的日子都过得好些。就这一点来讲，地下茎又比普通的树根来得方便些。”

“那么竹为什么老是那么粗呢？”吉儿又提出另外一个新问题了。

祥姊说：“这个我晓得，先生讲过。双子叶植物的茎里，维管束是一圈一圈排列着的，韧皮部的筛管在外面，木质部的导管、假导管在里面，中间夹着一圈形成层。形成层里细胞能够不断地分裂，不断地增加新细胞，在外侧的，便加入韧皮部；在内侧的，便加入木质部。所以树干能够一年一年粗起来。至于单子叶植物呢，茎里的维管束是散点排列，分裂组织在各节的上侧，叫作生长带，所以只能伸长，不能加粗。各节长到一定程度，也就停止了。

“竹是属于单子叶植物中的禾本科，和稻麦、甘蔗等一样，也是只会伸长，不会加粗。你拿支笋来看一看，每节上侧，特别柔嫩些，便是刚由分裂组织长成的嫩细胞。这地方极易受伤，所以每节生一片壳包起来保护它。这种壳又有一个特别名称，叫作箨（tuò）。笋初出地面时，伸长比较慢，后来逐渐加快，直到第25日到第30日这几天，生长最快，每天可以伸长三四尺，便是生长

苦竹

方竹

带起劲分裂新细胞的缘故。到每节长足后，不再分裂，细胞也渐老成，不必再受保护；箨就凋落，接着便是抽枝发叶，自己制造养料，过独立生活了。

“竹茎中空，一则为了节省材料，二则里面含着空气，弹力增强。每节都有横隔壁，可以增加对风雨的抵抗力，并且防止竿的开裂。各部分的构造，都很有道理呢！”

吉儿又问：“竹既然是禾本科植物，为什么不同稻那样开花呢？”

祥姊说：“竹既然是种子植物，自然会开花啰！不过它不像稻麦这样，一年便开花。它是要活到几十岁，才开花结籽呢！竹的花也是有内颖、外颖、雄蕊、雌蕊等，着生在一个再分叉的细枝上，各节上都有鞘叶包着。

“竹的开花，往往延长到很久的时间。从上年秋季起，竹叶慢慢变红，到了冬初，在梢头上的一部分花先开；到天气很冷时，又暂时停顿了。直到下年春天，绿叶逐渐脱落，枝条上到处生着一串串的花穗，到三四月里，便全部开放。花开过后，有的结下种子，也有的不结。种子和大颗米粒一般，里面含着大量淀粉，叫作竹米，可以煮饭吃的。

“竹的开花，有些人认作不祥之兆，败家之象。其实是竹长大成熟后的必然现象，和稻麦的开花结籽一样，用不着大惊小怪。不过环境不好，像土壤里的养分缺乏，或者天气太干燥，或者多虫多病，荒芜不去整理，都能提早竹的开花期。竹开花结实后，便要枯死，正和别种禾本科植物相同。”

吉儿问：“竹产在哪些地方呢？”

母亲便接着说：“全世界有经济价值的竹类，几乎都产在我国。所以竹也是我国的一种重要特产。我从前到过广东，那边有这样的谚语，‘吃的竹笋，住的竹屋，戴的竹箬，烧的竹柴，穿的竹皮，着的竹鞋，睡的竹床，写的竹纸’。浙江山乡的农民，也把种竹做纸，作为主要的生产。总之，长江流域和珠江流域各省，都是产竹的重要地方。

“讲到竹的种类，在我国的，有26属，170多种，主要的有这么几种，（一）毛竹，又叫孟宗竹、猫头竹、南竹。产在江苏、浙江、安徽、广东等省，是竿最高大、寿命最长、用途又最广的

毛竹

一种竹。幼嫩时节间密生细毛，各节下方还有蜡质的白粉一圈。笋在未出土前，笋壳的颜色有红黄和黑紫等色，长成的竹竿，表皮坚韧，肉质不十分厚，但质地细密，可以劈篾五六层，编制各种竹器。

“（二）早竹，又叫燕来竹，长江南北两岸都有栽培，是一种最普通的吃笋种。它的特点是节上的生长线很突起，分枝向上伸，叶片要比毛竹大，比哺鸡竹小。出笋很早，如果天气暖和、雨量充足，一、二月里就可掘笋了。到了三月里，出笋顶旺盛，便是江南有名的春笋。箨多带红色，笋肉肥厚，价钱很贵。

“（三）哺鸡竹，这也是一种普遍栽种的竹。枝条长，叶片比较阔大，叶尖全向下或半向下，俗叫蓬头竹，竿高 3 丈以上，直径有两寸以上。节要比早竹更凸起。4 月里出笋，产量很多。竹林里到处可以看到笋芽，好像鸡生蛋那样多，所以叫作哺鸡竹。哺鸡竹共有三种：一是花壳哺鸡竹，笋壳上有黑色斑条，笋肉硬，味略苦；二是白壳哺鸡竹，笋壳白色，味道好，价钱贵；三是乌壳哺鸡竹，笋壳全部黑色，笋形肥大，味道最好，销路最广。

“（四）淡竹，又叫水竹，浙江种得最多。要比毛竹矮些、细些，因产地不同，外形也不一样。通常竹竿的表面平滑，没有毛，颜色绿。笋壳淡褐色，稍带绿色，没有斑点。味道鲜美，可做罐头笋。今天舅母送来的，便是淡竹的笋。淡竹的竿质地细致，柔韧，不易折断，劈篾要比毛竹更容易。编织上等竹器，都要用它。

淡竹

“此外，还有笋味苦的苦竹，专做篆笋的黄枯竹，竿不中空的实心竹，竿呈方形的方竹等。”

凤　梨

天气热了起来，学校里放了暑假，吉儿跟着祥姊，到上海赵姨母家里去做客。有一天，他俩出去玩，在马路边的水果摊上，看到一大堆稀奇的东西，椭圆形，比鹅蛋还要大，外边包上一层橙黄的、鱼鳞般的硬片，上面还有尖刺，顶上又有一丛硬质的绿叶，向四周张开着。祥姊便买了两个，带回家去。

吉儿一回到姨母家里，便把两个水果向桌子上一放，要赵姨母替他讲讲，这到底是什么水果。

姨母说："这是一种新鲜的水果，名叫凤梨，也有人叫它波罗蜜。其实波罗蜜是一种木本树，属于桑科，是双子叶植物，凤梨是单子叶植物，属凤梨科，是一种低矮的草本。各不相同，不应缠在一起。"

吉儿问："为什么叫它凤梨呢？"

姨母说："你看！它外面的橙色硬皮，排列得整整齐齐，不是和鸟类的羽片很相像吗？还有顶上的一丛绿叶，那么长长地张开着，正像凤凰的尾巴。"说着便把一个凤梨颠倒拿着，做个样子。接下去又说："它果肉的味道，甜里带一点酸，又和梨相像。凤梨这个名称，就是这样来的。"

"那么为什么从前不曾见到呢？"吉儿的问题又来了。

姨母又说："凤梨的原产地，是热带美洲。到了明朝，我国的广东、福建、台湾等暖热地方，都种植了。台湾那边，还是明末的民族英雄郑成功，从福建带过去种植的。后来试种了优良品种，得到好成绩，栽培事业便大大地发展起来，在 1940 年，光是罐头产量，多达 6000 万罐。

祥姊也在旁插嘴说道："凤梨虽说是单子叶植物，整棵植物的形态构造，我们不曾见过，还不太清楚呢！"

姨母说："凤梨是多年生的矮小的草本植物。茎只团团的一块，四周生着 20 多条剑形的叶片，排成螺旋形。叶片是淡绿色和深绿色，有时稍带红色，又厚又坚硬。叶边有锯齿的居多，也有无齿的。叶面上有一层蜡质盖着，可以防止叶里水分的蒸散，而且雨滴落在叶上，马上滑下，流到根部周围。这些防旱的特征，就说明了凤梨的祖先，是长在干燥沙滩上的野生草类。

凤梨

“我们吃的凤梨是生在叶丛中间的果实。一条中轴，上面生着40到60朵小花，从下面起，依螺旋形排列，一直生长上去。每朵小花，有三角形的橙色小苞，这就是留在果实外面成鳞片形的东西，和基部形成筒状。尖端三裂的紫色花瓣，里面有1条雌蕊，6条雄蕊。花也是挨次开上去，约10天开完。花谢后，下面的子房肥大起来，便是我们吃的部分，里面也有细小的种子。这些种子，也能发芽长成一棵植物，不过时间很迟缓罢了。”

姨母讲到这里，随手拿了一把刀，削去凤梨外面的坚硬皮层，现出里面黄色多汁的柔软果肉。再切成好多块，叫祥姊、吉儿吃。并且说：“凤梨是很好的热带果品，含着许多营养物质，像糖分、蛋白质、脂肪等都有，还含少量的磷和铁。维生素的种类更多，甲、乙、丙、庚[①]都有。果肉里又含一种特别物质，叫菠萝酵素[②]，有分解蛋白质、帮助消化的功效。所以在饭前饭后吃，对身体方面，是有好处的。此外还有通小便、治咳嗽等医药方面的效果。”

吉儿吃了凤梨，觉得味道很好，忙问：“我们家里可以种植吗？怎样种的？”

姨母笑着说：“不是讲过了吗？凤梨是热带和亚热带的植物。我们江浙一带，属于温带地方，气候太冷，种不成凤梨的。至于怎样种法，我倒可以讲讲，用种子的有性繁殖，因为时间太长，除育种外，没人采用。普通种凤梨，多用无性繁殖法，就是采取芽体来种。像果实顶上的一丛叶，便是一个芽体，叫作冠芽。此外还有长果梗四周的裔芽，从叶腋抽伸出来的吸芽，块茎地下部分生出来的块茎芽等，如果割下来种在泥里，都能长成一棵凤梨。其中吸芽繁殖最好，次年一定结果；冠芽长成的植株，形状很整齐；裔芽比较丰产，块茎芽最差，培育幼苗时，要先把芽体晒干后，才可种植，否则容易腐烂，因为凤梨最怕水湿呢。

“凤梨每年结两批果，叫作冬果、夏果。冬果酸些，没有夏果那样甜美。”

祥姊说：“听说苏联有一位著名的生物学家米丘林，曾创造

① 指的是维生素 A、B、C、E。
② 今名菠萝蛋白酶。

了许多新品种，使原在温带地方栽种的果树，寒带区域也可栽培，并且结下肥大甜美的果实。我们是不是可以创造凤梨的新品种，来适应我们江浙一带的风土？如果可能，那么我们不但可以常常吃到新鲜的凤梨，还可制成许多罐头，运到国外去销售呢。”

姨母说：“‘铁杵磨绣针，只教功夫深’，哪有办不到的道理呢？听说米丘林是用杂交育种、嫁接培养和改变环境等方法来创造新品种的。这些方法已在我国农业实验机关试用，不久就可以向全国普遍推广哩！”①

席　草

天气一天天热起来，吉儿床上还垫着褥子，睡得有点不舒服。姨母便拿出一条草席，替他换上。吉儿看到，草席是由一条条的细圆挺直的草，横编起来的，便问姨母：“这叫什么草？”

姨母说：“这叫席草，又叫灯芯草，是属于单子叶植物百合类灯芯草科的宿根草本植物。我国在2000多年前的汉朝，已经用这种野生的席草编成席子，铺在地面供人坐卧，叫作‘席地而坐’。到了明朝，因为野生的产量有限，要用的地方太多，就有人特地在水田里种植了。可见席草也是我国的一种特产植物。”

① 米丘林学说已被现代遗传学否定，这里仍保留原书相关段落，供读者参考。

吉儿问："这种草席，大家都叫宁波席子，是不是都从宁波运出来的？"

姨母说："我国种席草的地方很多。湖南、四川、广东、福建、浙江、江苏、台湾等省都有。就华东区讲，宁波最多，占50%；台湾、苏州次之，各占20%；其他各地，占10%。在抗日战争前，最多的年份出产1000万条。抗日战争期间，因为交通阻碍，运销不容易，减少到100万条。新中国成立后，受着我人民政府的扶助、领导，加大生产，已增加到200多万条了。席草除做草席，还可编草帽、草扇、拖鞋、蒲包等，所以是农村重要的副产品的原料。"

吉儿问："那么席草的形态和习性是怎样的呢？"

姨母说："池沼溪沟里面，我们常常可以看到野生的席草，形态和栽培种相同，不过茎高不到2尺，又比较细些。

"席草是百合类的植物，所以也有横在地下的根茎，根茎皮色淡黄，并且有许多密集的节，每节生一鳞片，交互重叠着把根茎包裹起来。各节都能抽伸一个新芽，和竹类的抽笋一样，叫作分蘖。整个根茎，恰像一把木梳。根是须根，长在根茎的左右两侧，长约10厘米，周围稀疏地生着短短的枝根。

"新芽形状，恰像一棵小笋，中央是一条嫩茎，下端有五六个节，每节生一片叶鞘，像笋壳般把嫩茎包住。新芽抽伸，长成新茎，下面的叶鞘，也跟着抽伸，尤其是上面的两片，又长到两三寸。像稻麦那样，每个叶鞘的顶上，还有一片叶，但席草的叶，早已退化得不留痕迹了。

“嫩茎伸长大约可到3尺，最上的一节特别长，约占全茎的2/3。断面是圆形的，从离梢端五六寸处起，逐渐尖细上去，其余部分都是同样粗细。茎的下端，被叶鞘包裹部分，约有寸把长的一截，这一截是白色的，其余全是绿色。我们如果把席草的皮剥去，便可看到里面有一条白色松软的髓，便是点灯用的灯芯，所以席草又叫灯芯草。”

灯芯草

吉儿问：“这样一根草茎里面的髓，怎样可以点灯用呢？您说的是什么灯呀？”

姨母说：“现在我们不是用电灯便是煤油灯。从前多点菜油灯的。外婆家里不是还有一个古老的灶台吗？上面放上一个油盏，里面盛着菜油，再把一两根灯芯浸入油里，一端搁在油盏的边缘上就可点火了。因为灯芯质地疏松，仿佛是好多条毛细管，可以把油吸到上面来，这和煤油灯里的带子作用相同。此外像蜡烛的芯子也是用灯芯缠起来的。”

吉儿问：“那么席草的花，是怎样的？”

姨母说："席草到了五六月里，在离梢端四五寸的茎上，抽伸一条复总状花序，基部及各节，有鳞片保护着，大致有一条或几条的穗轴，在它的基部或各节上，着生穗枝梗，上面再生小穗花簇。每一小穗花簇，由一朵有柄花、一朵无柄花构成（也有两朵有柄，一朵无柄）。每朵花有6片黄绿色的花被，3条雄蕊，1个雌蕊，柱头是三裂的。果实很细小，有3条棱，里面含着8粒到20粒种子。"

吉儿又问："最好把席草种在哪些地方？"

姨母说："席草不论气候寒暖，都能生长的。不过在寒冷地方栽培，成绩总不及暖得好。最适宜的气候是这样——春季气候温暖，晴朗的日子多，那么草苗生长强健，不会受冻枯萎。从6月上旬到7月上旬，要高温多雨，可使已经分蘖出来的新茎伸长旺盛。7月中旬，已到了栽培末期，要晴朗温暖，可以使茎部充实硬化，割下来又容易晒干。如果栽培末期多雨，草茎多被冲倒在地面，阳光不足，空气不够流通，茎和叶鞘变成褐色而枯烂，色泽不好，产量也少。而且在气候温暖的地方，席草收割后，还可种晚稻，也有相当的收获。

"席草喜欢的土质，大致和水稻相同，首先是黏质壤土，其次是壤土，最不相宜的是砂土和砂质壤土。因为黏质壤土对于肥料成分的吸收力强，即使施用多量的肥料，也不会使席草的生长一时过于旺盛，而长成的席草，大致草质良好，产量也多。壤土能够进行深耕，年年施用相当量的堆肥、厩肥等，所以也能生产品质优良的席草。至于在砂土或砂质壤土上栽培的，草茎粗短过于坚硬，品质就差了。

“席草虽是一种水生植物，低田阴地都能生长。但浸水太深，茎便软弱徒长，分蘖不多，地上茎下部太细，带灰色，尖端有一截枯黄，叶鞘伸得特别长，使茎的无用部分格外长了。茎成熟后，如果不能排水，品质就低劣，收获不便。所以种植席草，最好选择排水灌溉都方便的高田。”

吉儿问：“那么席草是怎样种的？”

姨母说：“席草是用分秧法繁殖的。夏天收割时，要预先留下一块，残茎留 3 寸左右长，到八九月里，又在继续伸长的新茎上，离地面五六寸处割下，以促进新芽的繁生。此后每隔一二月，中耕除草一回，施肥一回。到了冬天或早春，把这些根茎掘起来，依照预定的每株茎数，将根茎割开来，最少七八茎，最多 20 多茎。割秧完毕后，便可向整理好的水田里插秧了。行株距离，因土质肥瘠、气候寒暖而有差别，一般是四五寸见方一株。插秧的方法和深度，大致和水稻相同。

“席草是吸肥力很强的作物，在整田的时候，要先施用河泥、或人粪尿、或厩肥作为基肥。草秧插好后，约隔两个月，就是立春前后，要施用人粪尿。在清明和谷雨之间，除施用人粪尿，多数还施用紫云英绿肥，到小满前后，一般都用人粪尿，但经济充裕的农民，有施用豆饼或肥田粉的。总之，席草施肥的时期每次约隔 40 日到 60 日。尤其将近成熟的时候，肥料切不可缺少，否则色泽不佳，草茎短，收量少。

“除草最好在整田时候，将草根除净。如果在 3 月起显著地发生了杂草，可以在 4 月上旬和 5 月上旬，除草两回。此后，草茎伸长，杂草发生较少，除草工作也感困难了。

“席草到了茎的浓绿色中微微带有黄色，显现一种光泽时，便可收割了。宁波一带是 6 月中下旬。如果要染色的，宁可早点割。席草晒干的程序，在宁波方面，有头朝、二朝、三朝等名称。从田间割下来，暴晒一天的草茎，叫作头朝；再晒一天，叫作二朝；经过三天晒干的，叫作三朝。头朝可在清晨摊晒；二朝、三朝要在露水干后再晒开。普通头朝用上梢集中、下端散开的扇形晒；二朝用草茎并列的长方形晒；三朝用整束晒。到充分干燥后，就用草绳紧缚成捆，运到屋里贮藏。贮藏的时候，草茎堆得上下四周，要铺盖早稻草，勿使它受到风吹日晒，否则草茎变成灰白色，编成草席，质地就低劣了。”

贝　母

吉儿昨天跟着表哥参加赛球，弄得浑身大汗，洗澡后，又在凉风中坐了好久，今天起床后，有点头昏脑涨，并且咳嗽不止。

姨母便叫他留在家里休息。到了下午，吉儿咳嗽得越发厉害。姨母便到街上买了几包国药，煎汤给他喝，并且说："你喝的药里有一种有名的国药，叫作贝母，有止咳、消痰、解热等功用。你喝了睡一夜，咳嗽就会好的。"

到了第二天，吉儿的病果然好了许多，觉得很开心，就问："贝母究竟是植物呢还是动物？"

姨母赶忙从倒掉的药渣里找出几粒贝母，拿给吉儿看，并且说："这是浙贝母，又叫大贝母，产在浙江的象山、鄞县[①]、杭县[②]等地方，形状大些。全体扁圆，和馒头相像，由两大片合成。产在四川省的松潘、灌县和西康省[③]的康定等地，形体小些的，叫小贝母，呈圆锥形，上端尖锐，由四五片鳞片合成，和百合相像。"

吉儿问："贝母是什么科、什么属的植物？形态怎样？特性怎样？"

姨母说："贝母是单子叶植物，百合科贝母属的植物，和百合、大蒜、洋葱、韭菜、葱等很相像。地上茎高一二尺，柔软多汁。上面的叶，有的对生，有的辐生，有的互生。叶是长披针形，边缘没有锯齿，平行叶脉，顶端3片叶子，比较狭小，而且尖端卷曲。四五月里，梢头叶腋抽出三四条短梗，各着生1朵下垂的

---

① 今宁波市鄞州区。

② 今杭州市。

③ 旧省名，现已并入四川省和西藏自治区。

花，有6片花被，合成钟状，现淡黄绿色，外面有淡绿色线条，里面有紫色斑点，连接成网形。雄蕊6条，有大型的药，雌蕊1个，花柱长，柱头三裂，子房上位，分2室或3室，内有倒生的胚珠。花后结浆果，种子含肉质的胚乳。”

吉儿问：“贝母是野生的呢，还是人工栽培的呢？”

姨母说：“现在都是人工栽培的。贝母性喜高燥肥沃的土地，最怕低湿的黏土，所以要选择沙土和黏土混合的壤土。贝母又是温带植物，凡雨量不多、气候的变化不大的地方，都可以栽培。

“先把预定栽培贝母的土地，整理、筑畦，再用锄头掘成3寸深的穴，各穴的距离自5寸到1尺。拣取优良壮实的贝母鳞茎，放在掘好的穴里，将土盖好，略略镇压。每亩土地，约可种贝母1000斤。普通多种在桑树下面，作为一种副产，但也有专种贝母的。10月里下种，到下年1月里发芽，到2月芽出土面，逐渐长大，4月开花。种贝母的人，总要将花摘去，这样可以使地下的鳞茎生长得好些。下种后，在发芽时以及地上茎成长时，各施肥一次。普通用人粪尿、豆饼、肥田粉、绿肥作肥料。贝母的鳞茎，常被一种名叫石鼠的昆虫食害，所以要掘土捕杀，或用药液浇泥土来杀减它们。

贝母

“贝母到了5月下旬或6月上旬，鳞茎成熟，就可采收。先用锄头将泥土掏松，再用手轻轻拔起，剪去上面的茎就行了。普通每株可得两个贝母，每亩可收2000斤，恰巧是种下去的两倍。新崛起的贝母，放入竹箩，在河中淘洗，除去泥土。再放入船形的木桶里，每桶约可容贝母40斤，加入生石灰1斤，两人相对，各握住木桶的一端，用力推摇。桶里的贝母经石灰摩擦，外皮全部脱去，再摊在日光下，经五六天晒干，便可出售了。”

吉儿问：“我国全年出产贝母多少斤，运销的情形怎样？”

姨母说：“贝母是我国特产的药材，栽培历史很久远，产区也相当广阔。从前湖北、河南、安徽等省都有出产。现在要数四川、西康出产最多，运出来的有七八千斤。此外山西的解县，也有7000多斤运销到河南。浙江要数贝母的新发展区，起初只象山县有人栽培，所以浙贝又叫象贝。后来有人把它移植到杭州的笕桥和鄞县的鄞江桥两地，因为试植结果良好，产区面积逐渐扩大了。现在浙江全省，每年出产贝母8000多斤。国外输出额，每年有四五千斤。

“象贝和川贝，功效不同。象贝大苦大寒，清解的功用多；川贝微苦微寒，滋润的力量大。据《药学大辞典》记载，贝母能够润肺、清火、解郁、祛痰、止咳，是缓和的镇咳剂。此外又可治急性支气管炎和毒虫的刺伤、乳痈、风湿、眼病等，又可止血、催乳。我国药草专家赵承嘏，研究浙贝母多年，曾经从浙贝母里提出两种结晶性的植物碱，分别叫作甲种贝母素、乙种贝母素。后来又从川贝母里提取丙种贝母素。可见，川贝、浙贝虽然同是贝母，但有效成分不同，所以医学上的用途也不同。”

香　蕉

吉儿、祥姊在赵姨母家住了十多天，看着暑假将满，便向姨母说明，要回家去了。姨母也不便强留，买了些东西，叫姊弟们带回去。

姨母赠送的礼物中，有一大串香蕉，吉儿格外感兴趣。一到家里，便忙不迭地要母亲讲明“香蕉究竟是怎样在树上生的”。

母亲说：“你想知道香蕉树，跑去看我们后园的芭蕉树，便可明白八九分了。因为香蕉和芭蕉原来是一对亲弟兄呀！

“香蕉也是单子叶植物，属于芭蕉科芭蕉属的第二亚属。多年生的草本。高低不一，有的高 20 多尺，有的只三四尺。每年春末，抽伸新叶。叶很大，成长椭圆形，中央一条肥大的中肋，两侧全是平行的叶脉。像这样的叶脉，在植物学上，叫作侧脉或侧出脉。到了初夏，伸出一个穗状花序，中央一条粗大的花轴，便是这串香蕉的柄，各节上面长着半圈的花，有一片淡黄色的苞叶盖着。这样交互生着，直到顶上。每朵小花，形状不整齐，花瓣紫色，有 6 条雄蕊，1 个雌蕊。子房生在花瓣的下面，像向日葵

芭蕉

的小花一般。受精后，子房肥大起来，苞片落下，便成一串香蕉了。你看，这串香蕉不是半圈半圈，交互地生在柄上吗？”

吉儿接着问：“那么芭蕉和香蕉，究竟有哪些不同的地方呢？”

母亲说：“香蕉、芭蕉，虽说是亲弟兄，毕竟也有个分别。第一，香蕉是在热带、亚热带住惯的，移植到温带来，即使能够生长，也不会开花结果；芭蕉是可以在我们温带的地方种植的。第二，香蕉的叶是暗绿色的，上面还有蜡质的白粉；芭蕉的叶是黄绿色的，没有白粉。第三，香蕉的果实肥大，味道甜美；芭蕉的果实细小，不能吃的。”

这时，吉儿正拿着一根香蕉，剥下皮，缓缓地吃着。过了一会儿，又突然问道：“怎么香蕉里没有种子呢？”

祥姊抢着说：“这个我听先生讲过的。本来也同芭蕉那样，含有细小种子，后来因为大家都用无性繁殖，不用种子来播种，慢慢退化下去了，就变得无影无踪了。这就是外界条件改变了它的本性。现在还带着细小种子的香蕉，也不是没有。”

母亲再补充着说：“外面黄色的一层，是外果皮，里面白色的一层，算中果皮，我们吃的部分，便是内果皮了。”

香蕉

吉儿又问："那么香蕉有多少种类呢？"

母亲说："香蕉有几百种呐！大致可以分为生食种、煮食种和中国矮脚种三类。生食种便是一般的香蕉，果大味美，适于生食，像广东的芝麻蕉，广西的香芽蕉，台湾的北蕉、仙人蕉、苹果蕉都是。煮食种，果形也大，果肉坚实，含着很多淀粉，糖分少，生食味道不好。有些地方，将其煮成稀饭似的东西，靠它维持生活；有些地方，作为菜蔬吃，像广西出产的大蕉、鸡蕉，台湾的木瓜芎蕉都是。中国矮脚种，树只四五尺高，能够抗风耐寒。果形小，果皮薄，可是口味特别好。福州的芝麻蕉、广西的香蕉、台湾的粉蕉都是。"

吉儿再问："香蕉是不是同凤梨那样，吃了有许多好处？"

祥姊接着说："香蕉果肉里，除七成多的水分外，淀粉和糖分的含量最多，有两成半左右；蛋白质和脂肪的分量，要比凤梨更多。还有相当多的磷，维生素甲、乙、丙、戊、己①都有。香蕉除供生食、煮食，还可制造干粉。这是一种有营养又易消化的粉，可以做烤面包，也可喂小孩。"

吉儿说："香蕉从广东运来，要花费好多天，才到我们这里，已经不新鲜了。我想，到香蕉树下去采来吃，口味一定还要好些。"

母亲说："刚采收的香蕉，简直同青柿一样涩口，是吃不来

① 指的是维生素 A、B、C、D、E。

的。一定要经过相当时间的后熟，到果皮变了黄色，果肉发软，淀粉全部转化成糖后，方才可以吃。这种情形，和暖柿使红一样。后熟的方法各地不同，通常把香蕉装在坛里，点几根大线香，使烟充满空隙。这样，在夏季经过两三天，冬季五六天，就可出售供食了。新法有用乙烯催熟的，不过门窗要密闭，室温要保持80℉[①]到90℉。”

“那么香蕉喜欢长在怎样的地方呢？”吉儿再问。

母亲说：“香蕉也有喜欢凉冷的，温带也可栽培，不过好的生食品种，总爱高温多湿的气候。凡是平均气温，夏季在80℉到90℉，冬季也在60℉以上，四季温暖，不分冬夏，全年雨量在1500～2500毫米的区域，都可栽培。

“至于土壤，除了沙土和黏重土外，都可栽培。不过香蕉假茎柔软，需要水分多，所以在山地或旱地栽培时，要注意灌溉；但是地下水过多，也容易引起萎缩病，在水田或低地上种植时，应该注意排水。”

① ℉：华氏温度单位符号。华氏度与摄氏度的换算关系为：华氏度＝32℉＋摄氏×1.8。

七　双子叶植物——离瓣花群

桑

吉儿趁着假期，到姑母家里去玩。见他们正忙着养蚕，用一箩箩挑回来的树叶，喂饲洁白肥胖的蚕儿，有的人在切叶，有的人在除沙（蚕粪俗叫蚕沙）。吉儿不愿多问，怕耽误了他们的工作，玩了一会儿便回来了。

回到家里，看母亲正闲着，便提了一大堆的问题。首先问：“我国从什么时候开始种桑养蚕的？”

母亲说：“蚕原是一种野生的昆虫，寄生在桑类植物上。入山砍柴的人，看到一串串雪白的茧，可能因好奇而采回家来。大家想办法，捻成线条，织成了世界上第一块绸。后来需求增加，光采野茧已来不及应付了，因此就有了采野生的桑叶，在家里养蚕的人。野生的桑树又有供不应求的情形，便开始种植桑树了。于是，种桑、养蚕、缫丝以及织绸的方法，依靠群众的智慧和创造

桑

性，逐渐地改进下来。古书上，说什么西陵氏之女嫘祖教民种桑养蚕，是不能完全相信的。也许西陵是一个最早养蚕的氏族社会，嫘祖是一个努力养蚕的人。据可靠的记录，我们祖先在四千多年前已经开始种桑养蚕了。所以桑树也是我国特产植物中最重要的一种。”

吉儿问：“那么桑树属什么科？形态又怎样呢？”

母亲说：“桑树是双子叶植物，离瓣花群，桑科桑属的落叶乔木。春季三四月里，花叶一同开放。叶是互生的，有锯齿，有的生缺裂，有的不生缺裂，因品种而定。通常淡绿色，花小，单性，雌花、雄花长在各株上。没有花瓣，只有萼，带淡黄色，排成穗状花序。雌花的柱头对裂。雄花有四条粗短的雄蕊。果实多肉，好多粒附着在中轴上，呈长椭圆形。果实成熟后，有些现紫黑色，有些现白色，有些现红色。这些黑桑、白桑、红桑，都是桑树野生时代的种，叫作原种。自从养蚕事业发达起来，在各种风土下种植桑树，受着外界条件的影响，发生种种变化，再经过人们的选择，便产生了好多品种。”

吉儿问：“桑树的主要品种有几种？”

母亲说：“最普通的是湖桑，产在浙江吴兴县（原先叫湖州）[①]，发芽比较迟，可供壮蚕作饲料；叶肉肥厚，滋养料极多；桑果很少，叶量极多。又可依树皮的颜色，分作青皮、黄皮、紫皮三种，其中要算紫皮种顶好。火桑发芽最早，可供一二龄蚕之饲料。叶是心脏形，刚开放时叶尖带红色，所以叫作火桑。叶面光滑，虽经雨打湿，也易干燥；树干高大，枝条柔软。鲁桑是山东的原种，有鸡冠鲁桑和实生鲁桑两种。鸡冠鲁桑叶形圆大，叶肉肥厚，有光泽；生长迟缓，节间短，枝条长成时，尖端屈曲起来呈扁平状，和鸡冠相像，所以有这名称。实生鲁桑，发芽较早，可作一二龄蚕的饲料，不过叶片又小又薄。”

---

① 今为吴兴区，浙江省湖州市辖区。

吉儿问："那么桑树怎样栽培呢？"

母亲说："桑树对气候的适应性很强，除极冷极暖的地区，多能种植。土壤方面，最好是沙质壤土和黏质壤土。繁殖法多采实生桑树的果实，在水中搓揉，使种子和果肉分离，再加水洗净，用篾箩或竹筛滤过，除去黏液，便得种子。有的立刻播种，有的阴干后等待次年春暖后再行播种。种子发芽时，先伸出两片子叶，所以是双子叶植物。苗木长成后，普遍叫作草桑，专供嫁接时的砧木用。嫁接以枝接为主，也有用芽接、根接的。接活后，再培养一年，就可作为桑苗，运到别处去种植了。

"植桑前先要整理场地，因为整枝方式不同，畦间、株间的距离也各不同。像中刈的，畦间距离五六尺，株间距离 5 尺到 7 尺；高刈的，畦间距离 9 尺到 1 丈 2 尺，株间距离相同。每亩种植株数，中刈的是 257 株到 300 株；高刈的是 50 株到 75 株。种植时期，从秋季落叶起到春季发芽前，任何日子都可以。温暖地方，在秋季落叶后种植好些，寒冷地方因为冬季有冰雪，早春有晚霜，最好在发芽前种植，约在清明前后。"

吉儿问："什么叫作中刈、高刈？"

母亲说："这是桑树整枝的两种形式呀！桑苗种植后，经过肥培耕耘，到了晚秋长到六七尺，便用稻草裹起来过冬。次年春天，如果采用中刈法，就在离地面二三尺处切断。发芽后，留 1 条新梢，其余统统除去。第二年春天，高达八九尺，再把去年新梢留下的二三尺长，剪去上截。新梢抽伸后，留下 3 条，其余统统除去。到第三年春天，各枝都留下二三个芽，剪去上截，到秋天共得十二三条。第四年春，便可采叶饲蚕了。高刈法，是在离地面六尺处，行第一次修剪，留下 1 芽，长成新梢。第二年留 2 芽，长成 2 条新梢。第三年在每条枝上，各留 2 芽，共得 4 条新梢。第四年每条又各留 2 芽，共得 8 条新梢。第五年得 16 条新梢，到第六年开始采叶。用这种整枝法的桑树少发病，多采叶，树龄又长，所以是一种比较好的整枝法。此外还有根刈、密植等形式。我国桑园多采用中刈，每条主枝都成拳状，以后年年依拳修剪，所以叫作拳桑。”

吉儿问：“那么，此外还需要哪些管理呢？”

母亲说：“最重要的是施肥。因为桑树发育旺盛，肥料的消耗比别种作物多；而且桑树是采叶的作物，所以氮素的补给更要注意。石灰有促进有机质分解的效力，能够中和土壤中的酸性物质，所以桑树肥料，除三要素，还要加用石灰。施肥时候，畦间掘 1 尺左右的沟，施肥后，再把泥土盖上。每年施肥 3 回，第 1 回在 3 月中旬，第 2 回在春蚕采叶后，第 3 回在秋季落叶时。此外还要行中耕除草，冬季裹上稻草。”

吉儿问：“现在有没有野生的蚕？”

母亲说：“有，我们的桑树上，有一种害虫便是野蚕。它们是自然发生，在桑树上吃叶长大。老熟后，也做一个淡黄灰色的茧；长椭圆形或纺锤形，不过中央不细缢的，长约 1 寸，宽约 4 分，质很粗糙，茧的一端有细长纽，悬挂在叶片上面。这种野蚕，可能就是家蚕的祖先；它的茧，在几千年前，便供给人们作衣服的原料。

“另外，山东还有一种柞（zuò）蚕，是要吃壳斗科植物的（和栗树相像的）叶。人们便把它们放饲在山野间，到时候再去采茧抽丝。这种柞蚕，还保持着原始生活的习性呢。”

樟　树

今天吉儿放学回家，母亲给它一串桂圆般大小的白色圆丸子，外面还套着一只稀眼网套，上面有两条红线，可以悬挂。吉儿看得很奇怪，忙问：“这是什么东西？”

母亲说：“这叫樟脑丸，挂在身上可以避秽气，放在床上可以赶走跳蚤等虫类，现在天气热起来了，你也该备一串。”

吉儿拿近鼻子一闻，觉得有一种异样的气味，又问：“樟脑？是从樟树里提炼出来的吗？”

母亲说：“这是从臭柏油里提出来的，化学上叫作萘。”

吉儿问：“那么药店里卖的樟脑呢？”

母亲说：“那种樟脑才是从樟树的根茎叶里提炼出来的，和樟脑丸的原料是完全不同的两种东西。”

吉儿问："樟树是怎样的树木？"

母亲说："樟树是双子叶植物，离瓣花群樟科樟属的常绿乔木，生长在温暖地方，树高十几丈，叶片是互生的，有长柄，冬天不脱落。叶片卵形，有一个尖端，叶肉很厚，叶面有光泽。到了五六月里，从叶腋抽出花梗，上面开放黄白色的小花。花落后，结下豌豆般大小的黑色果实。

"樟树也有好多种类，叶片大些厚些，气味难闻的是臭樟，油多脑少；叶片又小又薄，气味清香的叫香樟，脑多油少。香樟里面，还可分红樟、青樟两种。红樟，叶柄红色，叶片圆而小，初发的嫩叶是红色的；青樟，叶柄青色，嫩叶也是青色，生长快，能耐寒冷，就含樟脑的分量讲，还是红樟比较多些。

"樟树也是我国特产树木的一种，产在福建、台湾、浙江、江西等省。性喜温暖的气候和湿润、肥沃的土壤。最适于生长的地方，是向南的山谷或受温润海风的平地。樟树生长极快，两年生的，高二三尺。在四五十年之前，干部周围每年可增加一寸。因此高达"十四五"丈，干围四五丈的老树，在产樟树的地方都可看到。"

吉儿问："樟树怎样繁殖的呢？"

母亲说："樟树多用种子繁殖的。冬天采收成熟的果实，混入细砂，埋藏在泥土里。到了明春三四月里，就可播种在苗床上。播种方式，撒播、条播都可以，不要太密，免得苗木根部互相缠绕，则掘苗要发生困难。大约1亩大的苗床，要用干燥的果实4斤。条播的，每条相隔一二尺，每隔二三分放下果实1粒。播种的深度，二三分。播好后，还要盖上铺草，以防干燥。这时要注意灌溉，等到发了芽，除去盖草，并在夏季除草几次。在比较寒冷的地方，秋后要搭芦棚避寒，到明春发芽时除去。满一年的苗，干高8寸到1尺5寸。梅雨时期，新芽生长二三寸，就要崛起，再种得空疏些。经好好培养一年，满两年生的苗，大概可以移植到林地上去。”

吉儿问：“樟树林是怎样造的？”

母亲说：“樟树林可分矮生林和大树林两种。矮生林是苗木种植后三四年，便采伐制脑的。也有根刈法和干刈法两种，现在先把根刈法讲一讲。林地分作两区，初年在第一区种苗，次年种第二区。各区里面，每6方尺种樟苗2～6株。到了第五年，第一区的樟树，在离地面3寸处刈割，用它的枝叶制造樟脑。第二年就刈割第二区。再经三年，就是植苗后的第八年，第一区及第二区又可换次刈割了。刈割时期，晚秋最好。

“大树林也有单纯林和混植林两种。单纯林，樟树苗要和其他树混植，仿佛在保护林下面生长的。因为幼小的樟苗，受不住冰霜的迫害。保护树要数小松树最好，成长快，栽培容易，而且保持温度的力量也比别种树木大。在种植樟苗之前的三四年，先在林地上造成松林。到了要种樟苗时，布置好种的位置，砍去妨碍的松树。樟苗种好后，倘有枝梢和樟树交错的松树，也要随时砍去。到樟树高六七尺，不需要松林保护的时候，就可全部砍去，让樟树单独生长，成为单纯林。采伐松树的时期，小暑到立秋节之间最适当，可使樟树不至骤然感受寒气。如在温暖地方，冬天没有霜雪的，可以不用保护林。

“混植林，是樟树和阔叶树混植的。因为樟树容易火烧，单纯林也有危险。每种 1 株樟苗，周围种栎树 6 株。栎树的采伐期是 10 年，樟的采伐期是 150 年。起初樟和栎平行生长，到枝梢交错互相竞争时，可将栎树砍去，留下残株，利用萌发的新芽再成新林。这样反复砍伐更新栎树，经过六七十年，到樟树结荫已密，栎树生长力衰退、不能抽伸新芽的时候，便成樟树的单纯林了。”

吉儿问：“樟树是不是各部分都可以提炼樟脑的？”

母亲说：“是的，各部分都有樟脑的成分，不过多少不同。通常是根部最多，其次是干、大枝和叶，最少的是细枝。而且含脑多少，又因气候而异，普通樟树，夏季脑少油多，冬季脑多油少。所以要得大量樟脑，必定要到冬季提炼。”

吉儿问：“樟脑有什么用处呢？”

母亲说：“樟脑最普通的用处便是驱虫，像毛织品的衣服，极易生虫，放点樟脑在箱子里就可避免。用樟木板做成衣箱书橱，可以防止生虫。此外还可作为防臭、防腐剂、兴奋剂等。工业方面需求很大，像假象牙、无烟火药、化妆品等，都要用樟脑做原料的。光就台湾地区讲，每年出产500万斤。所以樟树是我国‘世界第一’的五大森林树木之一。”

吉儿问：“什么叫‘世界第一’的五大森林树木？”

母亲说：“全世界产量中，我国占第一位的特产植物很多。光就森林树木讲也有5种，便是竹、油桐、杉、漆和现在讲的樟树。”

鱼　藤

春雨连绵，校园里的桃树上，长满了虱子般的绿色小虫，弄得树叶都卷起来了。有人提议：“大家动手来捉。”其实哪里捉得光！

第二天，吉儿吃了中饭，到校不久，只见农民张老师拿着喷雾器，向桃树上喷射药液，杀灭害虫。吉儿看了一会儿，便开口问道：“张老师，你喷的是什么药呀？”

张老师笑着说：“用的是国产名药，价廉物美。过一会儿上农业课时，再详细讲给你听。”

好容易等到上课，张老师拿几幅图画，笑眯眯地进来，开头便说：“今天我们讲讲防除害虫用的药剂吧！我们用的除虫药剂，大致可分两大类，像硫酸铜、砒酸铅[①]、硫黄等都属无机性的；像

① 今名砷酸铅，因为含有重金属铅，又可致癌，现已少用。

除虫菊、烟精[①]等都属有机性的。最近杀虫药剂的制造，多用有毒植物做原料。因为这种有机性的毒素，不单有很大的杀虫功效，对于植物本身没有药害，有时还能促进生长；而且毒素分解很快，不会毒害人畜。至于有毒植物中，现在应用最广、效力最大的，要算除虫菊和鱼藤了。鱼藤原产在热带地方，我国广东一带也有。远在 1557 年，明朝李时珍先生编《本草纲目》时，就说到有一种雷公藤，土名叫雷藤，立夏时发苗，当时有人采它来毒鱼，蚌螺等也一同毒死了。这种雷公藤，就是现在讲的鱼藤。后来广东的农民以及新加坡的华侨，用这种鱼藤，来杀死蔬菜上的害虫，这就是鱼藤作杀虫药用的开始。”

“那么鱼藤的形态怎样？在分类上的地位怎样？”有一个学生站起来问了。

老师说：“鱼藤是豆科，台利斯（Derris）属[②]的植物，一共有 40 多种，含毒分量大，可以利用的，不过只有几种。就一般形态讲，多是蔓生的灌木，有时也能直立。长着奇数羽状复叶，有长长的柄。小叶数多少不一，因品种而不同，少的 3 片，多的 9 片。小叶带革质，呈倒卵形或长椭圆形，叶背带粉白色，略有绒毛。夏天从叶腋抽伸串状或圆锥状的花序，许多花密密地集在上面。花和别的豆科植物相像，是蝶形花冠，旗瓣格外广阔，颜色有红、

① 今名烟碱。
② 今名鱼藤属。

白、紫等，非常好看，但没有现黄色的。花落后，便会结一个荚果，壳坚硬，成熟后也不开裂。果的上部缝隙，生着两片薄翅，可以帮助种子传播，和松树、枫树的翅果有同样的作用。根部是由一个肥大的主根，分歧成许多分根，还附着大型的根瘤，而且有香味。如果将它捣烂，气味上升，鼻子就闻得很难受。它的有毒成分都在根部，是杀虫的主要原料部分。”

讲到这里，老师便把两张鱼藤形态图挂起来，让大家看得格外清楚些。

接着又说：“那么鱼藤根里究竟含着什么东西，能够毒鱼杀虫呢？这种要素，叫作鱼藤酮（Rotenone），是一种无色无臭呈六角板状或针状的结晶体。分子式是 $C_{23}H_{22}O_6$，能够溶解在醚、醇、酮等有机溶液，但不溶于无机酸类、碱性溶液及水中。鱼藤根通常含鱼藤酮 3%～7%。在晒干的根里，鱼藤酮的本质是固定不变的；但碰到水、钾或放在潮湿的空气里，就要逐渐分解。所以用肥皂配成的鱼藤酮乳状剂，是不能久放的。”

老师又说：“杀虫药，按功效来分，一共有三类，便是中毒剂、接触剂、驱除剂三类。鱼藤酮有强烈的毒性。害虫把喷射在作物上的溶液吃了下去，便呈中毒状态，在呼吸、循环、神经各系统，都起了麻痹作用，不久便死亡。鱼藤酮还有一部分接触作用，像蚜虫、尺蠖等软体害虫，一接触鱼藤酮溶液，神经便会麻痹，来不及吞食，便已中毒死去了。

“至于鱼藤杀虫剂怎样配制呢，现在也简单地讲一讲！（1）乳剂是这样配制的，将鱼藤根浸在水里，捣烂，榨出白汁，加入肥皂水里。大概一份白汁可配肥皂液 15000～20000 份。再混入相当分量的煤油，用力搅匀，使成乳状，就可应用了。这种乳剂主治一切蚜虫、毛虫、甲虫幼虫及其他总翅虫类。鱼藤酮毒性虽强，但对于植物的枝叶嫩芽，毫不伤害。（2）粉剂的配制是用化学方法，从鱼藤根里提出纯洁的鱼藤酮，再和矽藻土（俗名观音粉）研细拌匀。鱼藤酮的用量是 1%～2%。粉剂主治有吮吸口器的软体害虫，以及甘蓝食叶虫、豆类害虫。（3）水液悬乳剂是这样制造的，先把结晶体的鱼藤酮溶解在酮里，分量是酮 100 毫升，鱼藤酮 4 克。等到鱼藤酮完全溶解后，再加大量的水，普通一份溶液加 20000 份水，搅匀后便成一种极好的悬乳剂。如果要杀甲壳虫等，可把浓度提高。

“最后，还要把鱼藤的栽培情形讲一讲。鱼藤原是山间野生的植物，自从杀虫的功效被发现后，需求增加，南洋群岛以及台湾、广东（琼州）现在都在种植。

“繁殖的方法有播种、扦插两种。普通多用扦插法。先搞好一块苗床，再从母株蔓茎上剪取 1 年生强健的苗，长五六寸，带着一两个芽，斜斜地插进土中，上面盖土，露出上芽。各苗株间距是五六寸，行距 1 尺。在扦插后一星期内，要充分灌水，上面铺草防旱。成活率在 80% 以上。扦插时期，春秋两季都可以。到幼苗茎长到1尺左右，就可移植本田，这时要断根剪叶。在田里要先筑成高畦，畦阔三四尺，各株相距1尺5寸到2尺。繁育期间管理比较简单，要中耕除草一两回。为了防止发生不定根，要翻蔓二回。定植6个月前后，施用补肥一次，像堆肥、人粪尿、硫酸铔等，都是适用的肥料。鱼藤定植后，经过18～24个月，就可收获，最好在七八月高温时期。挖掘根部时，要注意勿使受伤。收获来的根部，可在太阳里晒干贮藏，等候出售。”

讲到这里，铃声一响，张老师便匆匆下课走了。

橡皮树[①]

吉儿因为上图画课时要用橡皮，便到文具店里买了一块红色的。回家后，便向母亲问道：“橡皮是不是象的皮做成的？白象、黑象之外，难道还有什么红象吗？为什么我今天买来的橡皮是红色的呢？”

母亲说：“你买来的橡皮，虽然又柔又韧，好像厚厚的皮质，其实并非从象身上剥下来的皮，而是由一种植物的液汁做成的。”

吉儿问：“这叫什么树呢？”

母亲说：“这就叫作橡皮树。橡皮树的种类很多，最著名的

① 今通称橡胶树。

是巴西橡皮树，这是一种属于双子叶、离瓣花群、大戟科的植物，原产南美洲巴西国，1876 年，移到英国伦敦郊外的植物园；同时一部分到印度、锡兰[①]种植。现在要算马来亚和南洋群岛种得最多。最近我国广东省的琼崖岛[②]上也有栽培，成效很好。全世界每年产橡胶 65000 吨，其中有 45000 吨是这种橡皮树产出的。此外还有印度橡皮树，是桑科无花果属[③]的植物，原产印度，种的地方不多。”

吉儿问：“巴西橡皮树，既然我国的琼崖也在种植，并且已有成绩，对于我国建设方面，一定有很多的作用。你且讲讲它的形态吧！”

母亲说：“这种树是美丽的乔木，高六七丈。叶是由三片小叶合成的复叶，所以又叫三叶橡皮树。小叶椭圆形，每片复叶有长柄，交互地着生在枝条上。花小，单性，没有花冠，萼片黄绿色，集成圆锥形花序。橡皮树是热带植物，所以喜欢气候温暖、终年没有霜雪的地方。土质最好是沙质壤土，或者稍带黏性的沙砾土。”

吉儿问：“那么巴西橡皮树是怎样种植的？”

母亲说：“过去是用种子繁殖的。先把种子播在苗床上，上面

---

① 1972 年，锡兰正式更名为斯里兰卡共和国。
② 琼崖岛是历史上对海南岛的别称，1988 年之前属于广东省管辖。
③ 今名榕属。

搭棚盖覆，并且适量地灌水。发芽后，可把棚拆去，此后就要注意除草施肥。大约到 1 年后，高达 6 尺左右，就可移植了。移植期不论春季秋季都可以，最好在雨后泥土湿润时。移植时，掘深宽各 1 尺的穴，把苗种入，覆土，再用脚踏实。株距普通是 1 丈 3 尺左右。”

吉儿问：“此外还有什么繁殖法呢？”

母亲说：“因为有性繁殖的结果，逐渐退化，橡树园里多产的品种少，少产的品种多。所以印尼方面，便用芽接方法，育成苗木，行无性繁殖，结果增加产量了。现在芽接树的栽培面积逐年推广。

“种植橡皮树，在南洋群岛方面，有‘树下寸草不留’的习惯。可是光光的地面，受着雨水的冲洗，养分容易流失，土壤的肥力慢慢减少，橡皮树也一忽儿现出衰老了。此外，最好在树下留些杂草，反而能保持土壤的肥沃度，这一点是值得注意的。此外，每年要施肥一两回。肥料可用油粕类和草木灰。长大的树，还要用盐做肥料。橡皮树生长五六年后，就可割采橡汁了。”

吉儿问：“橡汁是怎样采集的？”

母亲说：“橡皮树的割采要诀，是要使发育上的影响减到最轻，并且继续获得最大的生产。割采方式，从前是用鱼骨式——就是在树干的半面上，离地四五尺高处，左右各划五六条采集线，每天采集液汁。第二年再在背面，同样划线采集。这样，两年间，在树干上绕转一周，结果伤害了树木的健康，树皮愈合也不好，因而生产量也逐渐减少下去。此外就是“V”字形割划法，要经五六年才在树皮上绕一周，树皮的愈合情形好些，产量随着树龄而增加，所以这种采集法，已被一般地方采用了。

“从前是每天采集一回的，后来知道不论每天采集，或隔天采集，单位面积上的年产量大致相等，所以已经没有人再去每天采集了。最近还有人提倡把全园分作甲、乙、丙三等分，先采集甲、乙两区，丙区休养；后来采集乙、丙两区，甲区休养；最后是甲、丙两区采，乙区休养；以半年或一个月为期，挨次轮流，总有三分之一面积，保持休养状态。

“割采时间，在上午六点钟到八九点钟。每人每天可管理300株左右。割时下部用杯接着，割完停工用膳。膳后带一铅桶，收集各树的橡乳，回厂制造。到冬季温度降到50°F以下时，要停止割采。”

吉儿问：“这样收集来的橡皮，怎样做成我们日常用的橡皮呢？”

母亲说：“橡皮因制造方法的不同，可分作三大类，（一）烟熏橡胶；（二）绉纹橡胶；（三）混合橡胶。现在先把我国琼崖岛烟熏橡胶的制法讲一讲。把每天十点钟收集来的橡乳，先用细密的铜筛滤去杂物，加入醋酸或白矾水（煤油也可以），把原有的碱性中和到微显酸性为度。再倒入长方形的瓷盘或木盘中，使它凝固。到了第二天早晨，倒去盘内的清水，拿出橡胶块，略晒一会儿，除去水分，用压榨机碾薄，又移到另一种压花机，压出四边形的凹凸花纹，防止日后包装时有容易黏着的毛病。等到水分减少，就移进烘焙室去熏烟。烘焙室面积约一方丈左右，地面装炉烧火，使生微烟，来熏挂在室内竹竿上的橡胶块。经过三四星期就可取出，装运出售，作为各种橡胶制品的原料。”

吉儿再问：“我的橡胶套鞋也是橡胶做的吧？”

母亲说：“做套鞋的原料，是用最上等的绉纹橡胶，几层合着，经机器压平后，才能出运。”

母亲又接着说：“橡胶制品的种类真是多到数不清，像汽车、脚踏车上的橡皮轮，以及橡皮管、橡皮板、运动器具；机械上的皮带、皮圈、套鞋、胶鞋、雨衣等都是。我国正在建设时期，需要橡胶更多，不能光靠国外运来。现在除琼崖地区推广，还有许多专家正在找寻适于温带生长的橡皮树。苏联气候寒冷，不能种植橡皮树。他们需要的橡胶，由许多橡胶草来供给。最近看到各方面的报道，我们现在也已经开始种植和利用橡胶草了。”

油　桐

天气热起来，吉儿家里新添了一只椭圆形洗澡用的大木盆。隔了一天，吉儿看见母亲拿了一罐油，在往浴盆上涂，便问：“这是什么油？为什么要涂在浴盆上？”

母亲说：“这是桐油，涂了可以防腐，耐用些呀！”

吉儿问：“桐油？那么是梧桐子里榨出来的油吧！我们学校里有许多梧桐树，一到秋天，便可在地上拾得调羹形的叶片，边上缀着四五粒圆形的种子，很好吃呢！里面含着油质的。”

母亲说：“桐油并非从梧桐子里榨出来的，而是从油桐的种子压榨出来的。”

吉儿问：“油桐究竟是怎样的植物，和梧桐有哪些不同？”

母亲说：“油桐是双子叶植物，离瓣花群、大戟科、油桐属的植物；和别种大戟科植物一样，茎叶里面含有白色的乳液。它是喜欢阳光的落叶乔木，树皮灰褐色，起初光滑，老了便开裂。茎上长着互生的叶，叶柄很长。每年三四月里开花，呈圆锥状聚伞花序，或伞房花序，雌花居中，雄花环绕，也有雌雄异株的。每朵花上有萼2～3片，互相接合。雄花有5片花瓣，雌花有6～8片花瓣。雄蕊8～12根，子房上位，内部分成2～5室，各室都有一个胚珠。果实形状，因品种而不同，有的像苹果，有的像柿饼，有的像桃子。外面是一层厚厚的肉质外果皮，里面是骨质的内果皮，好像核果。有3～5粒种子，种子有厚壳状的种皮，灰褐色。连带种皮的种子，普通叫桐乌。仁是白色的，呈广卵形或三角状卵形，含着许多优质种仁，普通叫桐白。

“梧桐是离瓣花群、锦葵类、梧桐科的植物。虽和油桐同是落叶性的乔木，但梧桐大的可高到五六丈，周围5尺多；油桐最大不过3丈高，周围也不会超过二三尺。两者叶片，都有长柄，但梧桐是对生，油桐是互生。梧桐在夏天开花，呈圆锥形花序，花小，萼五裂，黄色，向后卷作一团，无花瓣，雌雄同花。结下果实，好像青辣茄一样，一串串挂在枝头。成熟后，沿着直缝分裂，张开成一只‘调羹’，边上有四五粒种子。所以油桐和梧桐是科属完全不同的两种植物。”

吉儿问：“油桐是自然在山中生长的呢，还是人工栽培的？有多少种类？”

母亲说：“油桐原是我国山中野生的，从什么年代起开始采籽榨油，已经无法考查了。最早的记载是600多年前，即元代，意大利人马可·波罗到我国游玩，在游记里有过‘中国人用桐油拌石灰和碎麻，修补船隙’的记载。可见我们的祖先比他看到的时候早已利用桐油了。到明朝初年，曾由朝廷提倡种油桐，在南京朝阳门[①]外钟山上种了几十万株。后来各地荒山，也都种起油桐来。到1935年，在出口物品中，桐油就已经位居首位，成为我国最重要的特产之一。

“油桐的种类，大致可分作三年桐、五年桐、周岁桐、千年桐和罂子桐五种。三年桐，树高不过2丈，果实较小，每三四棵

① 现名中山门。

到十多棵，从生在一条梗上。果梗较长，下垂。种植后第三年就能开花结果，但通常多在第四年留花收果，所以叫作三年桐。寿命平均不过 25 年，15 年以后产量不多，多被农家砍去。五年桐，树高二三丈，果实要比前者更大。一条梗上结一个果实，偶然有三四果的。果梗短，向上直立。种后第五年开花收实，所以叫五年桐，寿命要比三年桐长些。周岁桐，树身很矮，呈灌木状，叶是狭长形，没有决裂。主干离地一二尺高，便分杈发枝。种后第二年开花结果，第三四年最盛，到第五六年就衰退死亡。千年桐，高达二三丈以上，枝条密生，叶阔卵形或心脏形，三裂到五裂，叶柄长，紫红色，多雌雄异株，偶然有雌雄同株的。雄花序每条有二三十朵到八九十朵花；雌花序有二三朵到十多朵。果实是卵形或苹果形，外皮有皱纹，所以又叫皱桐。种仁黄白色。油分的品质和分量，都不及前面几种。树的寿命很长，可到百年左右，所以又叫百年桐。罂子桐的特点便是果实呈扁圆形，叶有三尖或四五尖，产油很少。”

吉儿问：“油桐树是怎样种植的呢？”

母亲说：“先开好山地，依纵横相距六七尺的标准，开掘深六七寸、径 1 尺的穴，再把前年选好的种子，每穴二三粒播下去，盖好土，经过三四星期，就发芽了。到苗长到四五寸时，再施稀薄的肥料一回。当年夏季，苗长 1 尺多，便要删苗，每穴留苗 1 株。此后注意除草施肥，再过两三年，桐林便造成了。此外还有移植、扦插等繁殖方法，但手续都不及播种简单。

“培养桐林还要注意疏伐和防护。疏伐便是选择雄株砍去的工作，但也要留下几株，可以供给花粉，比例是十株雌树留一两株雄树。雄树细而长，雌树低而矮，这是看得出来的。疏伐又有伐枝的意义，过密的和扩张太大的枝条，都可沿基部或在中部切断。断口要平滑，上涂石灰，免得腐烂。防护是防止风灾、火灾和崩塌等灾难。

“安徽南部，像祁门一带农民，山开好后，把玉蜀黍和油桐都按相当的距离，一行行播种，同时再把杉树苗插下，第一年让三种作物同时生育。第二年玉蜀黍要少种些，注意培育树苗。第三年起不种玉蜀黍，油桐已经有一部分收获。以后油桐产量逐年增加，过十几年后，便把油桐砍去，变成好好一座杉树林了。再过五六年，杉树也可采伐。这是一种最经济的混植林。”

吉儿问：“油桐树有些什么用处？”

母亲说：“油桐树的用处多得很呢！其木材柔软轻松，又没有边材、芯材的区分，可做箱板、器具，或充燃料。树皮含鞣酸很多，提取出来可做染料。在四川嘉定峨眉一带，多用桐叶放养白蜡虫。桐果壳可做活性炭，是防毒面具里重要的吸收剂。桐子烧灰和桐粕，都可做肥料。掺入纸浆，又是造纸的原料。油桐树主要的效用还是由种仁里榨出来的桐油，就是今天我买来涂浴盆的东西。

“桐油的用处很多，主要的是油漆制造工业用。像飞机油漆、电绝缘油漆、珐琅油漆、火酒亮漆、防水亮漆等。桐油有五个优点，（一）易干；（二）质轻；（三）耐热、耐水、耐盐气及酸类、碱类的腐蚀；（四）不传电；（五）色泽光亮、美丽。近二十年来油漆工业界里，多采用桐油做原料。其次是国防军需工业。我国液体燃料，像汽油、柴油等，产量不多，向来从国外输入。抗日战争时期，曾经发生问题，后来从桐油里提炼汽油、柴油，并由工程师张世纲试制桐油汽车成功，解除了很多困难。此外车辆、船舰、飞机以及海底电线等，都需要桐油。在化学工业方面，用桐油做原料的有800多种，像漆布、人造皮革、印刷油墨、油毡、假橡皮等都是。日常用具制造上需要桐油涂抹的更多，像纸伞、油纸、雨衣、油布、油墨、肥皂以及器具房屋上的油漆，又可做杀虫剂、呕吐剂等，供医药上用。”

吉儿说：“这样说来，桐油的用处真大啊！但是我国每年能出产多少呢？运到国外去又有多少呢？”

母亲说：“我国除东北几省外，各地都种油桐，长江流域格外多些。大约估计，每年可产300万担。四川最多，湖南次之；浙江、湖北、广西、贵州又次之；安徽、陕西、江西、福建、广东、河南、云南等省也有少量出产。桐油出口，是从1869年开始，那时数量不多。1912～1921年，输出数量很平稳，每年六七十万担，到了1923年，增加到83万担。1936年增加到153万担，占了全国对外输出物总值的首位。所以油桐树是我国特产植物，不论从哪一方面看来，都该努力提倡，大量种植的。”

盐肤木

吉儿正在收拾书包准备上学去的时候，只见母亲一手拿着几件旧衣服，一手拿着一个纸包，走到天井里，先把纸包解开，里面全是蓝色的染料。她一面把染料放在碗里，用热水冲，不久便成一碗蓝水了，一面又把旧衣服放在木盆里用热水浸湿。吉儿忙问：“你在做什么？”

母亲说：“我打算把旧衣服染蓝。这是‘硫化青’，我国从前染衣服、布匹，是用五倍子和靛青的，不会褪色，衣服洗破了色彩还是鲜艳如新。后来大家用洋靛，最近又多用硫化青、硫化元等新染料。”

吉儿听得好生奇怪，什么叫五倍子？什么叫靛青？既然不褪色，为什么大家都不用了？正待开口要问，母亲说：“快上学去吧，回来时再讲给你听。”

吃了晚饭，母亲坐着喝茶，吉儿几次三番地催促她讲五倍子的故事。

母亲想了一想，便说：“让我先来介绍一种山野自生的落叶小乔木吧！这种树，名叫盐肤木，是双子叶植物，离瓣花群，漆树科漆树属的植物，我国长江南北各省，荒野山谷间，都有它在繁茂着。树高一二丈。叶是单数的羽状复叶，有 1 尺多长。中轴有翼，小叶 4～11 对，没有柄，长二三寸，呈长卵形。叶缘有粗锯齿，叶面绿色，有细毛，叶背淡青色，有毛密生，一到深秋，整张叶片都转淡红色。夏天，枝梢抽伸圆锥形花序，花小，雌雄异株，雄花有 5 根雄蕊，雌花有 1 根雌蕊，花瓣 5 片，绿白色。花后结小核果，形状扁圆，密生白色或紫色短毛。果实生时青色，熟后呈微紫色；核淡绿，呈肾脏形。核外包一层薄皮，上面又有薄薄的一层盐，所以叫它盐肤木，还有天盐、木盐、盐梅子等名称。”

吉儿听得很有趣，忙说：“树木上会生盐，倒是怪事，那么除海盐、池盐、岩盐、井盐之外，又多了一种木盐！”

母亲说：“这种盐也许是由小虫分泌，附在果实上的。因为到果实结下，便有许多小虫在树上繁殖。这时，树叶上生气泡状的瘤块。因为小虫寄生在叶上，吸收液汁，一部分细胞受了刺激，起不正常的分裂，就造成了瘤块状的虫瘿。这种瘤块，叫作五倍子，又叫五焙子或橘子。从前是染黑色的主要染料；染青蓝色时，也要用五倍子做底料，再混合靛青等染料。此外鞣制皮革也要用它，所以销路极大。后来洋靛青输入我国，日本又发明了硫化青，五倍子的用途便逐年减少了。”

吉儿问："五倍子染料，既然能不褪色，不是和阴丹士林[①]一样吗？不是我国在几千年之前就已经有了功效和阴丹士林相仿的染料吗？为什么连自己都不用了呢？"

母亲说："五倍子、靛青等，原有不褪色的好处，不过染的时候，过程极繁。染一块布，至少要10天左右，既费人工，又耗时间，不及洋靛简便。所以各地染坊，多用洋靛或硫化青代替五倍子、靛青了。后来德国发明用五倍子来做黑色染料，销路又重新好起来，到1929年，输出额已经到84000多担了。前面讲过，五倍子可以鞣制皮革，我国制革工业正在逐年兴旺，五倍子的需要也该逐年增加呢！"

吉儿问："那么五倍子的生产情况怎样？"

母亲说："五倍子的出产，向来以云南、贵州、四川、陕西、湖南、湖北等省为主。不过大家只知采集，对树木不加保护，盐肤木逐渐少下去，五倍子的产量也减少了。据说贵州省的农民，有人工种植盐肤木的。"

"盐肤木怎样种植呢？"吉儿问。

母亲说："盐肤木的种子，平均每升重11两，有20000多粒。干燥的种子，播种后有延迟到两年或两年以上才发芽的。树苗生长极快，第一年干高一二尺，到五六年干高1丈多，周围有1尺

① 德文"indanthrene"的音译，一种人工合成化学染料。

左右；可是老大的，也不过3丈多高，周围三四尺，通常用植苗造林法；3月中旬播种，用条播法，每厘面积的苗床，大约播种二合，经过六星期发芽。一年生苗，高二三尺。每亩苗圃可产苗木80000株。贵州种植盐肤木，多不设苗圃培苗，只向荒野山中掘取自然生长的苗木来种。移植期在二三月里。根据贵州遵义县①农民的经验，移植最好在2月中旬，其次是在下旬。如果迟到3月里才移植，10株里面只能活6～7株。”

母亲又接下去说：“盐肤木此外还有些用处呢！这种树的边材很狭，呈污白色，芯材带浊黄色。材质轻软，刨削锯切都不容易，只能供箱板用。树皮可做染料，种子可榨蜡，不过粒小蜡少，不大有人去采集的。所以种植的主要目的，便是繁殖五倍子。”

漆　树

吉儿近来忙起来了，要编写黑板报，又要到识字班里去教书。今天星期天，便抽空陪了祥姊到野外去采集植物标本。

在离城不远的地方，看见一丛古怪的树林，叶子是羽状复叶，奇殊的。小叶7～11片，呈卵状椭圆形，前端稍尖。这时，叶面全是鲜红色，叶背是黄色，映在澄碧的天空下，分外鲜艳美丽。

① 今为遵义市播州区。

灰白色的树皮，划着许多“V”字形的伤痕，排得相当整齐；还有紫黑色的干燥树汁像血痕般附在树皮上，一条一条的。枝梢上的叶腋间，还有葡萄般一串串的果实。

吉儿看得不肯走开，忙问：“这是什么树？为什么树干上划着许多伤痕？”

祥姊说：“这叫漆树，是双子叶植物，离瓣花群、无患子目，漆树科，漆树属的植物。讲到漆树科的主要特征是这样——雄蕊是花被的倍数或同数，偶然会有或多或少的。花托有种种形状，有的子房在萼片上面的，也有在下面的。心皮多是1片到3片连合而成，偶然有5片的。每室各有一个悬垂或向上的弯曲胚珠。每粒胚珠，都有两张珠皮。果实是核果，中果皮富含树脂，缺少营养组织，胚往往弯曲扁平。是木本，叶子呈螺旋状，着生在枝条上，偶然有轮生的。叶片有单叶，或奇数羽状复叶或三叶。平时绿色，遇到霜便现红色。花整齐，两性或单性。多数小花集成圆锥形花序。有的有树脂道，含白色的液汁，一共500多种，分布在温带和亚热带。”

吉儿说：“那么我们来检查一下眼前这棵漆树，看它特征是否跟你说的相合。木本，奇数羽状复叶，螺旋状互生，圆锥状花序，生在叶腋，果实是扁平肾脏形的核果，一切都对。此外还有些什么呢？”

祥姊说：“漆树是在夏天开小黄花的，雌花、雄花生在各自的树上，所以有雄株、雌株的分别。雄花有五裂的萼，花瓣和雄蕊都是5个，有黄色的药，中央有退化的子房，在萼片的上面。雌花的萼和花瓣与雄花同，有1个雌蕊，心皮是由3片合成。子房只1室结实。”

祥姊一面讲一面采下一粒果实，解剖给吉儿看，一面说：“你看！这是外果皮，平滑，灰黄色，里面是中果皮，含着很多的蜡质；内果皮坚硬，黄褐色。”

吉儿又问：“为什么树干上划着许多伤痕的问题，你还不曾回答呢？”

祥姊说：“我不是说过吗，漆树的枝干里有许多树脂道，含着白色的汁液。这种汁液碰到空气就会变成黑色，叫作漆。漆的采集、炼制和使用的方法，是我们祖先在几千年前发明的。现在我们用的器具，多涂上一层漆，既可防湿耐用，又显得光滑美观。人们种植漆树的主要目的，就是这种汁液。树干上的伤痕，是采漆时划破的。”

吉儿听得很开心，又问道：“漆液是怎样采的？你讲个大概吧！”

祥姊说：“漆苗种植后，从四五年到12年，干部周围粗到6寸以上，便可开始采漆。大概采漆七八年，树就衰老，不能再采了。采漆的季节，要在树液流动最旺盛的期间，约在五六月到11月，其中从7月中旬到10月中旬3个月间，采得漆液最多。

“采漆之前，用刮刀在树干周围，刻画几个漏斗形‘V’字。一般的伤痕，痕深二三分，宽 3～5 分，再在漏斗形的尖角点，插进贝壳或斜削的竹筒，接收自伤痕中流出来的漆液。每隔三四天采集一次，用刷子取出，集中在桐木制的圆筒内。时间多在清晨。

“漆树的叶是细细长长的。树皮粗厚的品种流出来的漆液多；叶圆皮薄的品种，比较少些。雨天或阴天流出来的漆液，水分既多，品质也不好。如果遇到接连几天炎热，漆液浓稠得像油一般，量少质好。所以随着采集时期的不同，有种种名称。从小满到夏至所采的，品质中等，叫作霉漆①；从小暑到大暑所采的，品质顶好，叫伏漆；从立秋到白露所采的，品质最低，叫秋漆。”

吉儿问：“这样采集的漆液，怎样用呢？”

祥姊说：“从树上采集的漆液，叫作生漆，含有漆酸、橡胶质、油质、水分、蛋白质及含氮物等。凡是漆酸多、水分少的是上等品质，而漆酸少、水分多的，品质就低劣。

“我们漆器具用的，多是熟漆，是由生漆精制而成。先把生漆放在木质或陶质的擂钵中，用擂锤搅拌几小时，使它黏稠致密，再改装在浅盆中，暴晒在日光下蒸散水分。也有把生漆盛在椭圆浅盆中，上面加一只满盛炽红炭的铁盆，用火力来蒸散水分，到

① 意为“梅（霉）雨季节所采之漆”。

水分减少到相当程度，便混入菜油、桐油和杂物。因种类和分量的不同，可以做成各种熟漆。大概情形是这样，（一）普通熟漆，制造时要加油一成到四成，有红坯漆、白坯漆、金漆等名称；（二）黑漆，除加油，再加铁粉、木醋等；（三）朱红漆，除加油，再加雄黄一成至四成，或加银朱一成至二成；（四）透明漆，又叫推光漆，制造时除加油，再加饴糖或其他树脂等。”

吉儿问：“那么果实里的蜡质，有没有用处呢？”

祥姊说：“漆树果实，是可以制蜡的。在11月初旬，用镰刀割下，晒干后贮藏。制蜡时，先把果实在水里浸一昼夜，除去污物，捞起后，摊在席上，等到干燥后，用梿枷把果实打落，放入臼中，捣成粉末，筛去子核，装入麻袋，上甑蒸热，再用器械榨出蜡来，这叫滴蜡。再把这蜡打碎入锅，用小火加温，边放边搅拌，使它溶解，然后再放进布袋里滤过，在浅箱里冷却，就成块蜡了。漆果4斤，约可得蜡1斤。种子还可榨油点灯，种子6斤约榨油两斤。

“漆树在我国分布很广。最著名的产漆地方是陕西、湖北、四川、贵州、安徽、浙江六省。”

祥姊说到这里，便采了漆树的枝叶和果实标本，和吉儿向前面走去。

茶　树

吉儿跟着父亲，为参观上海市土产展览交流大会，特地到上海来。第 2 天，两人一同搭上电车，到了南京西路，从会场的第 2 号门进去，往右边走，参观了水果蔬菜馆、药物馆、林业馆，不必细说。最后到烟茶馆。吉儿的父亲是很爱喝茶的，所以在茶叶部里，看得特别仔细。那边有绿茶和花茶的样品，是那么翠绿芳香，接着看到用一块块青砖茶堆叠起来的一座“万里长城”，表示我国出产的砖茶有这么多，可以供给边疆兄弟民族和友邦的需要。再走过去，便可看到全国各地出产的红茶样品，并且用巨幅图表说明华东区 1951 年的红茶，要比 1950 年多 155%。此外还陈列着各式各样的制茶机器，因为要用机器制茶，才能提高工作效率，降低生产成本，指出了我国制茶业的远景。

走出烟茶馆，两人便到冷饮亭里，去吃冰激凌了。吉儿便提出问题：“红茶、绿茶是不是由红茶树和绿茶树的叶子做成的？”

父亲笑着说：“这也难怪你，从前有些植物学专家，都是这样想的呢！其实并没有什么红茶树、绿茶树，同样的鲜叶，可以做成红茶，也可以做成绿茶，是制法上的不同，并非茶树品种的不同。”

吉儿又问：“那么，茶树究竟是怎样的植物？我们园里有一棵开红花的，就是茶树吗？”

父亲说："茶树是双子叶植物，离瓣花群，山茶科的常绿灌木。我们园里的山茶，正是茶树的堂房兄弟。茶树的主根比较粗肥，深深地伸向地中，普通有几尺深，有时到1丈以上，所以能吸收地下的水，不会因天旱而枯死；枝根多在土面下五六寸的地方，也分许多细根。枝干丛生，高五六尺。叶片深绿色，卵圆形的居多，边缘有锯齿，叶脉发达，叶面上造成许多隆起。每年夏天，叶腋着生花芽，自9月下旬到11月开花。花通常有5片萼，花瓣白色，6～8片。雄蕊有180～240条，雌蕊1根，柱头三裂，子房3室。果实有圆形、枕形、三角形、四方形和梅花形等形状，里面含着1～5粒种子。到了下年秋末，果实成熟，果皮自然开裂，种子脱落。这种果实，叫作蒴果。"

吉儿又问："做茶叶的嫩叶是什么时候采摘的？"

父亲说："像我们江南地方，到了4月中旬，茶树便抽伸新梢，这叫春茶。到一芽二叶或三叶，下面还有1片或2片鱼叶时，便可把一芽二叶、三叶摘下，留着鱼叶。到了6月上旬，鱼叶的叶腋，又抽伸了新梢，叫作夏茶，又可依着一芽二叶、三叶的标准采下，制成茶叶。到了8月上旬，秋梢又伸出来了。这是秋茶，又叫白露；为了顾到茶树的生长和明年的产量，通常是不采的。"

吉儿又问："茶树是怎样种法？"

父亲说："茶树繁殖法也有两种，用种子的有性繁殖和用枝条的无性繁殖。播种的，要先选定品质好、采叶多的茶丛，做上记号。到果实外皮变成灰色、内皮变成褐色时，把它摘下来，等它自然开裂，再选择那些充实、沉重、大小适中的种子。

“茶树播种的时期，要看当地气候而定，暖地秋播好些，寒地要行春播。春播的要把选好的种子，埋在泥土里，度过严冬，到明春再播。播种的方法很简单，只在整理好的地上，丛播的掘穴，条播的开沟，放下堆肥、厩肥，再铺一层细土，播下茶籽，盖土。此后注意浇水，勿太干燥，到五六月里，茶苗便可出土了。也有先设苗圃培育茶苗，到下年再来移植的。”

吉儿问：“什么叫丛播、条播？”

父亲说：“丛播是把七八粒种子，放在一个穴里，长成后便是一丛，各丛的距离，四五尺不等。条播是先开一条沟，每隔五六寸，放下两粒茶籽，长大起来，便成一条，和花园里洋冬青篱笆相像。我国茶区，多用丛播，不过条播的便于铗摘，可省人工。

“茶园管理中最重要的是中耕除草，就是掘松土壤、除去杂草的工作。春耕在茶树发芽前，夏耕在春茶采摘后，最早在七八月里，因为可以减少土中水分的蒸发，锄起的杂草容易晒死。所以夏耕比春耕尤其重要，安徽那边有‘六月挖金，七月挖银’的茶谚。”

吉儿问：“那么茶园里要不要施肥呢？”

父亲说：“我国的茶园，多数是不施肥的。如果要使产量增加，品质改进，总得施用适当的肥料。每年大概施肥四回。第1

次在春芽发芽前，叫作催芽肥，用人粪尿或腐熟的豆饼菜饼；第2次在春茶采后；第3次在夏茶采后；第4次在茶芽停止抽伸以前施用，以堆肥、厩肥为主，目的是养成充足的秋芽，增加明年春茶的产量。”

吉儿又问：“红茶、绿茶，究竟是怎样做的？”

父亲说：“采摘来的鲜叶，如果打算做红茶的话，便要把它在日光下面晒一晒，叫作日光萎凋。待柔软像棉絮，揉着不会折断时，便可进行揉捻。有的用手，有的用机器把茶叶捻出浆汁，卷成条线时，再去酸酵。酸酵是青叶变红的重要过程，通常把茶条放在篾筐里，上面用半干半湿的布盖着，每隔个把钟头，翻拌一回，经过三五小时，产生一种特有的芳香，叶子多数变成红色时，便可拿去烘焙了。烘焙是用竹制的烘笼，在地炉或铁盆上，用炭火烘干茶叶，这样红茶就做好了。

“绿茶要把鲜叶先在锅里炒一炒，到柔软为止，叫作杀青。杀青后的叶，也要经过揉捻，和红茶相同。揉好的茶条，在锅里炒干的，叫作炒青；在烘笼里烘干的，叫作烘青。除红茶、绿茶，还有一种半红半青的乌龙茶，是福建、台湾的特产。”

讲到这里，看一看手表，已是10点多钟了。他们两人便又匆匆地跑进水产馆去了。

人　参

这几天，吉儿的母亲很是忧愁，因为七十多岁的老母亲，正害着病，一天天地衰弱下去。

吉儿听二舅父对母亲讲：“除非吃野山人参，还有希望。你想我哪里有钱买呢？”便问道：“野山人参究竟是什么东西，有怎样伟大的效力？价钱到底贵到怎样地步？”

母亲说：“你去问二舅父吧！他懂得国药，又到东北方面去过。”

吉儿便缠住二舅父，硬要他讲人参。二舅父虽然满心焦急，缠得没法，也就讲了。

二舅父说：“人参也是我们祖先发明使用的药材。两千五六百年前，汉朝人写的一本《神农本草经》里，已经有关于人参的记载。因为那时是采掘树林里野生的，所以叫作野山人参。后来因为北方的森林多被滥伐，只剩东北方面长白山脉里面，还有许多伟大的自然林，因此野山人参只产在东北了，叫作关东参。采掘的人一多，野山人参逐渐少下去，价钱也贵得很，有每条卖到两千两银子的。”

吉儿问：“那么别的国家，是不是也有人参出产？”

二舅父连说：“有！有！朝鲜出的叫高丽参，多种在开城附近，有红参、白参两种，每年出产 20 万斤。枝根粗，品质上等。日本出产的叫东洋参，颜色白，或者稍带黄色，外皮光滑，枝根少，中段肥粗。

“美国出产的叫西洋参，又称花旗参，是另外一个品种，在1716年发现的。经过情形是这样，两年前，有一个在中国传教的法国牧师林德美（Jartoux），写了一篇《关于东方植物人参的记载》的论文，寄到伦敦皇家学会去发表。这时有在加拿大传教的法国牧师拉菲托（Lafitau），看到这论文，心想，说不定加拿大的森林中也有野生人参。经过两年间的热心搜索，最终在蒙特利尔（Montreal）市附近的森林中找到了。便采掘干制，运到中国来，大受欢迎。接着美国各地都种植起来，每年出产20万斤左右。西洋参比前面几种参，要小得多，药性效用，也不相同。”

吉儿问：“人参的形态和生长习性怎样，也得讲个明白呀！”

二舅父说：“人参是五加科土当归属的宿根性草本植物。年年抽伸一茎；初年抽伸的茎，只尖端着1片复叶，是由三小叶合成的；到了秋季，茎叶一同枯死，第2年重抽一茎，尖端着生2～3片由五小叶构成的复叶，同样到秋季枯死。第3年抽伸复叶三四片，全是由五小叶构成，再从叶柄的着生点抽一条花梗，上面是伞形花序，花小，花瓣、花萼各5片，是两性花。从晚春起开到初夏，果实是浆果，起初是绿色，成熟时从黄色到红色，再转深红色。在同一花序中，周缘的果实先成熟，慢慢到中央。从7月中旬到8月上旬，完全成熟。每个果实里，含1～3粒种子，偶尔有4粒的。每株的果数跟着它的年龄而增加，像3年生的，只结下 2 果和 3 果；4 年生的有 3 果到 12 果，5 年生的有达 40 果的。

“我们吃的，便是它的根部——白色，上部肥大，下部尖细，和胡萝卜一样，但有很多分叉；经过四五年，大的长八九寸，直径 1 寸左右。此后还是逐年增大，有活到几十年的。曾经有人用种子栽培，到 52 年后，掘起来一秤，足有 8 斤多重，干燥后也有 3 斤多，真是一株大人参。

“人参是由两部分构成的，一部分是真的根；一部分是根茎，比根的上部细些，普通叫它蒂头。因为这部分年年发生地上茎，这种地上茎又都当年枯死，在根茎上留下痕迹。所以从这种痕迹，可以推知根的年龄。”

吉儿问：“人参一向被称为补药，究竟根里含有哪些成分？”

二舅父说：“人参的根里，含有人参喹酮，对于人体的新陈代谢是很有利的，可作为兴奋剂、强壮剂和利尿剂。人参的特有香气，就因为含有人参烯（panasinsene）挥发油的缘故。还有皂甙[①]（Saponin），是一种构造未详的配糖体，有促进唾液、胃液、胆汁的分泌，以及增强消化力的作用。”

吉儿又问：“野山人参，逐年少下去，何不用人工来栽培呢？”

二舅父说：“对！现在店里出售的，多半是人工栽培的。适于栽培人参的风土是这样——冬季寒冷夏季并不十分炎热的地方，

① 今名皂苷。

又有树林遮住阳光，最好是向北倾斜的森林地。土壤方面，要富于腐殖质，水不停滞，土中空气流通好，水分的蒸发不快，又不十分干燥的壤质沙土或壤土。”

吉儿又问：“人参是怎样制造的？”

二舅父说：“人参在制造方法上，可以分作白参和红参两种。每年到了9月下旬，地上部将要枯死，便是参根积蓄养分最多的时期，可趁阴天掘起，分别大小着手制造。白参是把掘起的参根，不经洗涤，也不除去尾参，只用竹篦削去外皮，在太阳光下晒干就是了。普通要晒4天，如果延迟，制品的色泽就不好。红参是要选择粗的参根来做的。先用水洗净，放在素烧的甑里，再搁在水锅上面，加温后，130℃左右的蒸气，由细孔到了甑内，将参根蒸熟，大约要2小时左右。蒸熟的参根，再用火力烘干，再在阳光下，晒得十分干燥。在半干时，将细根及形态不好的枝根剪去，整理全形，便成红参了。大约制1斤干参，要用4斤左右的参根。”

八　双子叶植物——合瓣花类

女贞树

到了寒冷天气，校庭里的树木，大多叶子落光，只剩几条枝条，向天空撑着，像梧桐、白杨、柳树等全是这样。可是靠窗约莫有十来棵大树，列成一排，倒还是叶儿青青的。吉儿看得好奇怪，忙去问一位同班的朋友李百全："这是什么树呀？"

李百全笑着说："你看！它到了冬天，还是青青的，就该叫作冬青树。"

王兴发正打面前走过，插嘴说："这是白蜡树，又叫女贞，不是冬青！"

李百全说："我听爸爸讲的，这是冬青树，什么白蜡树咧、女贞树咧，全不是！"

大家争论不休，便一伙儿去找张老师了。

张老师说："这两种树在一般人，多不大分清楚的，虽然都是双子叶植物，冬青树属冬青科，女贞树属木樨科，各不相同。而且冬青属的花瓣、基脚虽结合，仍旧算离瓣花植物；女贞属是合瓣花植物。”

他又接下去说：“冬青树多长在山里，是常绿乔木，有二三丈高，叶互生，卵形带尖，叶缘疏没有锯齿，质厚，有光泽。夏季开花，花小，黄白色。雌花和雄花，长在各株上，都是4片花瓣，雄花有4根雄蕊，雌花有1根雌蕊，花序生在叶腋。果实圆形红色，很像红小豆。叶片煎成汁，可以做褐色染料。”

“那么女贞树的特征呢？”大家齐声问道。

张老师说：“女贞树是属木樨科，又叫枸骨科女贞属（又叫水蜡树属）。木樨，一般叫作桂花。木樨科的特征是这样，花是二出到六出……”

吉儿不待老师说完，便插嘴问道：“什么二出、六出，我们听不懂呢？”

张老师说：“出，有棱角的意思，所以花瓣和花萼（或者合称花被）的片数也叫作出。像梅花是五出，油菜花是四出。木樨科植物多数是合瓣（桂花），也有离瓣（西洋橄榄）和无瓣的（梣只具四萼片，没有花瓣）。有的开雌、雄蕊都全的两性花，也有开雌花、雄花，各具雌蕊或雄蕊的单性花。雄蕊两根，附着在花瓣的基脚，或在子房的下面，花丝短，药粗大。我们以前讲过，花中各部，都是由叶变成的，变雌蕊的叶，叫作心皮。木樨科植物的心皮，由两片合并而成。子房各室，含着两个倒生的胚珠，偶然有 1 个，或 4～8 个胚珠的。果实有的是自己开裂的蒴果；有的是种子较多的浆果（女贞）；有的是中央有大核的石果（西洋橄榄）。里面藏着两粒到四粒种子，偶然有一粒的。种子上的营养组织，或有或无，卵孢子是单细胞。”

李百全又问：“什么是营养组织？”

张老师说：“种子里面多含着大量营养物质，供幼植物萌发时吸收的。像稻麦种子里的淀粉，花生、大豆种子里的蛋白质、脂肪等都是。由含着这等营养物质的一群细胞所构成的组织，叫作营养组织。木樨科植物，树是木本的居多，偶尔有匍匐茎或草本的。叶对生或轮生，单叶或羽状复叶，缺乏托叶。花序集合成总状，或成聚伞花序。属于木樨科的植物，约有 390 种，分布在温带和亚热带。主要的是女贞属、梣属、紫丁香属①、木樨属、阿列布属②、迎春花属③等。

“关于女贞树的特征是这样：常绿的小乔木，高约一两丈，叶椭圆形，革质对生，边缘没有锯齿，叶头尖，有短柄。夏天开白色小花，呈聚伞的圆锥花序，着生在枝梢的尖端，花冠合瓣，四裂，雄蕊两根，高高竖立，超出花冠，柱头肥大。11 月间果实成

① 今名丁香属。
② 今名木犀榄属。
③ 今名素馨属。

熟，蓝黑色，长椭圆形，两端尖，恰像鼠粪。冬青和女贞，因为叶形相像，又都是常绿树，很容易夹缠不清的。两种树主要的差别点是这样：女贞叶对生，花序顶生，果实熟后蓝黑色；冬青叶互生，花序腋生，果实熟后红色。我们校庭里种的，是女贞不是冬青，王兴发讲得对。”

吉儿和李百全，因为明白了木樨科植物的特征和女贞、冬青的主要差别，心中很是喜欢；至于辩论胜利的王兴发，更有说不出的开心，大家蹦蹦跳跳地跑了开去。

过了一会儿，上课铃响，吉儿这班上的，正是张老师的课。点好了名，张老师便说：“今天我们讲点补充教材好不好？”

大家齐声说“好！”

张老师说：“今天我准备来谈谈女贞树和白蜡虫。女贞树在我国四川、贵州、湖南、浙江、福建、云南及皖南等地都有；我们校园里也有几棵种着，不过用来放养白蜡虫的，要算四川、云南两省以及湖南的衡州、永州，浙江的义乌，安徽的婺源最多。

“女贞树是七月间开花，12 月果实成熟[①]。种子每升重 14 两，约有 8000～10000 粒。发芽量六成左右，发芽力可以保存一年。

“女贞是温带的树木，在湿润地生长最好。繁殖法除播种，也可用插条法。女贞播种，要在果实成熟时，采下就播，12 月中

① 根据地区、气候不同，女贞果实成熟期是 9～12 月。

下旬最适宜，太早太迟，就不容易发芽成苗。普通用条播法，覆土三四分，不必盖草，要使它多受寒气。播种量是每厘苗床，用种子五合。播后经过 12 周便会发芽，每亩平均可得苗 70000 株。到苗高四五寸时，在行间除草松土一回。1 年生苗，平均高一尺四五寸。这时，还不能移植，最好到 3 年后，才能完全成活。

“女贞树的用处很大，果实是一种重要的国药，有补肝肾、强腰膝、治虚损、聪耳明目的功效，作为强壮剂用。叶里含丁香苷（Syringin）、苦杏仁酵素[①]（Emulsin）等，可医治脚疮、口舌疮，有清血、消肿的作用。材质紧密，不论芯材、边材都是灰白色，可做器具。最大的用处，还是放饲白蜡虫，采收白蜡，所以又有蜡树的别名。”

“白蜡虫是怎样的养法？是不是和采桑饲蚕这样，采摘女贞树的叶子，在家里饲养？”吉儿站起来问了。

张老师说：“我国在五百多年前的元朝，已经有人在饲养白蜡虫了。饲养方式有两种，第一种是自生式，就是任其自然，起初虫从别处移来，一忽儿枝上积蜡，白如霜雪，便可折枝提蜡了。明年再生虫子，这样一代一代下去，如果不去抑制，不久树便枯死；如果设法抑制，除去一部分虫子，便可维持下去。第二种叫寄子法，是采取野生女贞树上的虫卵，移植到栽培的女贞树上。

① 今名苦杏仁酶。

像四川，多在四月下旬从建昌附近的野生树上，剪下附有虫卵的枝条修去余枝，只剩寸把长的一截，上面有卵附着，也有三四颗至十余颗集成一簇的。再剥下卵包，在水里浸一刻钟，拿出用纸包裹，或放入竹笼，送到养殖地方。为了避免日光直射，多在夜里搬运，休息时要开笼通通空气。到达目的地，便赶快移到树上去。像四川的嘉定、峨眉、犍为等地，多在畦畔混植白蜡树和女贞树，连绵几百里。把送来的虫卵，每二三十个，用梧桐叶或竹箬包起来，两端用稻草缚好，再在叶或箬上，穿两三个小孔，把它挂在树上。不久，内部孵化的幼虫，从小孔移到叶枝，吸收树汁，慢慢长大。也有把卵包用竹箬包好后，放入洁净的瓮里，如果阴雨连续，可经几天；天热，幼虫一齐出来，要赶快寄送。所以剪子的迟早，和气候寒暖有关。像浙东的义乌，要到吴兴、萧山、余姚等地买了，气候又热，怕虫早出，所以在立夏前两三天剪子。像浙西及沪宁一带，最好立夏后剪，小满前后寄送。北方寒冷，寄送愈迟。

“虫体分泌白蜡，多附在树枝上，经两三个月后，就可截断厚厚地积着白蜡的树枝，用手剥取蜡层，投进有沸水的锅里，融化后，舀取水面上浮着的蜡层，放入模型冷却，便成‘蜡堵’了。

“白蜡虫是昆虫纲，半翅目，蜡蚧科白蜡蚧属的昆虫。所分泌的蜡，叫作虫白蜡，也叫虫蜡或中国蜡，因为这种树和虫，都是我国的特产。”

张老师正要下课的时候，李百全又站起来问："什么是水蜡树？"

张老师说："水蜡树是和女贞树同科同属的植物，我国北部、中部都有。四川多种在田埂上，放饲白蜡虫。枝条俗叫'白蜡条'，很柔韧，细的可以编用具，粗的可做手杖。"

薄　荷

初夏天气，寒暖不定，吉儿因为运动后洗了一个冷水澡，受凉，第二天清早起来，觉得头涨脑昏，身上发烧，便向学校里请了一天病假，在家休息。一会儿，母亲拿出一个外涂黄漆、木质的心形瓶，旋了一圈，把盖拿下，上面连着洁白的一截圆柱体，把它在吉儿额角两边（俗叫太阳穴）使劲擦。吉儿觉得非常凉爽，头胀也轻松了不少，忙问："这是什么？怎么觉得从脑子里钻进去的？"

母亲说："这叫奇异锭，是用薄荷脑做成的。薄荷的茎叶里面，含有一种芳香性的油，叫作薄荷油。薄荷油里面，又含有一种结晶性的物质叫作薄荷脑。薄荷油和薄荷脑，可以医治伤风、咳嗽、头痛、头昏、牙齿痛、呕吐、胃病、支气管炎等病症，像十滴水、万金油、功德油、人丹、八卦丹，还有刚才用的奇异锭，都用薄荷脑做主要原料。此外像牙膏、牙粉、糖果、香烟、香水、糕饼和清凉饮料里，也都有薄荷油和薄荷脑的。"

吉儿又问："那么薄荷究竟是怎样一种植物？"

母亲说："薄荷的花瓣，下半截联合成筒形，所以属于被子植物中的合瓣花群，又因这样花被的植物，算是最进步的，所以又叫后生花被类。又因花是左右相称，心皮各室有两个（偶然有一个）胚珠，叶是对生，所以归属唇形花科[①]。

"薄荷属是唇形花科里的一属，包含着好多种，人工栽培的一共有七种。"

吉儿问："那么薄荷的形态是怎样的？"

母亲说："薄荷是多年生草本。茎是方方的，春天从根茎上抽茎，到夏天就有一二尺高了，满生短毛。卵形或椭圆形的叶，两两相对地生在茎上，柄短，上半部的边缘有锯齿，也密生短毛。茎和叶都有特殊的香气。到了夏末秋初，各节的叶腋上，便抽生排列成轮状的小唇形花。花是淡紫色，花冠上部分裂成4片，最大的一片，叫作上唇，中央微微凹下，大概是由两片合并而成的。4条雄蕊，和花冠一样长。雌蕊1个，柱头对裂。果实是瘦果，种子细小。"

吉儿又问："薄荷种在哪些地方？"

母亲说："薄荷原是一种野生植物，路边阴湿地方常能看到，长江以南特别多些。我国在2000多年前，已经知道它的药用价

---

① 今名唇形科。

值。起初采集自然生长的来用，后来因需求增加，供不应求，便大量栽培了。我国现在主要的产地是江苏省的南通和太仓，此外江西、河北、浙江等地也有少量出产。

“欧洲、美洲和北非各国，也都在种植，但数量不多，含脑率很低。日本在战前原有不少出产，现在也少了。所以全世界需要的薄荷油、薄荷脑，主要靠我国供给的。”

“那么薄荷有多少品种？哪些品种顶好？”吉儿问。

母亲说：“薄荷有好多的品种和变种，不单在油量、品质、含脑率等方面，有极大的差异，连形态上也各有特点。拿叶的形状来说吧，有圆叶种和卵叶种；拿茎的色泽来讲吧，有青茎种和红茎种；此外还有白毛种。我国现在种植的品种，要算青茎圆叶种、紫茎紫脉种最好：前者每年每亩可产油 12～16 斤，最多的可到 20 斤；后者是 12～14 斤。”

“那么薄荷喜欢怎样的气候、土质？怎样种植法？”吉儿又问。

母亲说：“在温带地方，薄荷是到处都能生长的；像种植棉花、大豆、高粱、玉蜀黍等的旱地，以及能够种植水稻的田、山地和河边荒地，都是可以利用的。

“薄荷是多年生宿根植物，种植后可以收获几年；但到第 3 年以后，所产油分减少，就需要重新种植了。繁殖方法有茎植法、苗植法两种。茎植法是用健全、白嫩的地下茎，时期最好在秋季。到地上茎刈割后，经过 20 多天，地下茎伸长到四五寸，外部坚硬，稍带黄色时掘起，选择充实而节间短的，浆多，把它弯过来容易折断的，依二三寸长的标准切断。在准备好的地上，每隔七八寸开一条深二三寸的浅沟，把切好的地下茎撒在沟里，每隔 3 寸左右撒一段，再把泥土填平浅沟，稍加镇压就好了。苗植法，是在秋冬季节，先把带有须根的地下茎，种在一块小小的苗床上，到了次年四五月里，选拔健全的秧苗，移到准备好的大田里去，每隔七八寸种两株苗。种后浇水，苗就容易活了。

“等到新芽发生后，过密的地方，实行疏拔。在夏秋两季，要除草四五回。因为杂草繁盛，不单要夺取养分、水分，并且使地温降低，空气日光的透通不好，弄得薄荷茎上的低叶，早早落下，结果减收，所以除草要勤。中耕时要掘得浅些，勿碰伤地下茎。

“薄荷是要采取茎叶的，所以要多施氮肥，使茎叶繁茂。通常每亩每年用豆饼二百五十斤、人粪尿四百斤、草木灰一百斤、堆肥五担到十担。在 3 月、4 月、6 月、8 月里分作 4 次施用。不过在收获前一个月内，不要施肥。

“在暖和地方，连年种植薄荷，往往要发生很多的锈病。如果是水田，中间可隔种一年稻作，因为灌溉水可以冲去根部分泌的毒汁。如果是旱地，种了薄荷三四年，便可休栽二三年。”

吉儿问：“薄荷是什么时候收获的？”

母亲说：“在长江流域一带，通常每年收获两回，第 1 回在

7月下旬，第2回在10月下旬。如果肥料充足，管理周到，可以收获3回：第1回在6月初，第2回在8月初，第3回在11月初。第一、二回收获，在将开花时期，茎叶粗刚，低叶渐渐呈现黄绿色，这时含油量最多，油质也好；不过第3回要在开花旺盛时期收割。薄荷的收获，要选择晴天，用镰刀刈取，第1回离地面2寸处刈割，第2回离地面4寸左右处，最后一回的刈割，要在根际了。每亩的收获量，是鲜叶千斤左右，约得干叶300斤。收割下来的鲜叶，最好用绳子扎起来，悬挂在通风和空气流通的屋内或檐下，避免雨露和直射的阳光，大概要二三十天，才能充分干燥。”

“那么薄荷油、薄荷脑是怎样提炼的？”吉儿问。

母亲说：“是用蒸馏法提炼的。先把干薄荷装在木桶里，桶放在有水的锅上。桶底有无数小孔，蒸气从小孔入桶。桶盖密封，不使泄气。桶盖的中央，装一条导管，在冷却器里盘旋通过。管的末端，放着一个接受器。接受器是由内外两桶套合而成，内桶底上有小孔，外桶旁有出水口，并且有活塞节制排水。蒸馏出来的原油，在冷却器里凝结成液体，滴入接受器的内桶中。油质比较轻，浮在水面，水分由内桶底上的小孔，流到外桶，拔去活塞，水就流尽，内桶里剩下的，全是原油。把这种原油倒进罐内，保持43℉的温度，经过二三小时，脑就分离，变成结晶，其余便是薄荷油了。”

下篇　植物的生活

引言

生物体是由多种器官构成的。各器官都有特殊的机能，并以个体的生活为中心互相联系着。所以抛开机能，专研究器官的构造是不合理的。

植物学是研究生物体的科学，向来也被划分为两大部门，一种是考察器官形状、构造的形态学，一种是探究生活原理的生理学。这固然一半由于须加研讨的事实繁多，有应用分业原理的必要；一半也因为研究方法各异：一方是观察记载，一方是实验说明。但这种人为的不合理的划分法，使研究的范围逐渐狭隘，逐渐特殊化，专门家都被困在自己的小小领域内，植物学就被锁进“象牙之塔”，和一般大众绝缘了。

自前年冬季以来，抱着介绍关于植物学的常识，并使读者领悟自然界的根本法则的宏愿，依前述的见解，不拘于形态、生理的界限，选取植物的共通生活现象做题材，用浅近的词句，做科学的说明，写成短文，陆续在《中学生》《新少年》《申报每周增刊》《江苏儿童》四种刊物上发表，已经有了27篇。又觉可供初中学生用的植物学课外学习书，坊间还不多见，就再校读一遍，增加若干插图，并修改题目，依照教科书顺序，编成此书。书名就用现成的《植物的生活》。

书中插图，有一部分是从贾祖璋兄所著的《中国植物图鉴》等书中借用的；《常绿树》一文也是他的作品，得到同意后编入的，一并书此致谢。

一九三七年初夏

陶秉珍志于日本东京

一　地中世界

地面有飞禽走兽，鲜花美果，是各种生物的活动舞台。至于暗黑的地中世界，大概除脾气古怪的鼹鼠、蚯蚓等之外，不见得有多少生物吧！可是，一握之土，用显微镜检查起来，足有几十万细菌生息在里面呢！

地中千千万万的细菌都忙忙碌碌地做着各种工作，像使落叶、虫尸、蚯蚓粪以及别的种种肥料腐败起来，变成植物可以吸收的养分；或是吸收空中氮气，供植物消费。当然，这里面也有无用的，或会传染疾病的，但大部分都是有益的细菌。

在这样布满细菌的地中世界，“唯我独尊”地向四处延伸的草木的根，究竟是怎样生活的呢？

当种在花盆里的种子发芽时，将花盆横放，于是芽就向上弯曲，继续伸长，而根的尖端反曲向下方。可见根尖的目标，实是地球的中心。这恰像诸位在黑暗中摸索时，看到某处有一点灯火，就直向那边走去一样。根是被地球引力牵拉着而延伸的。

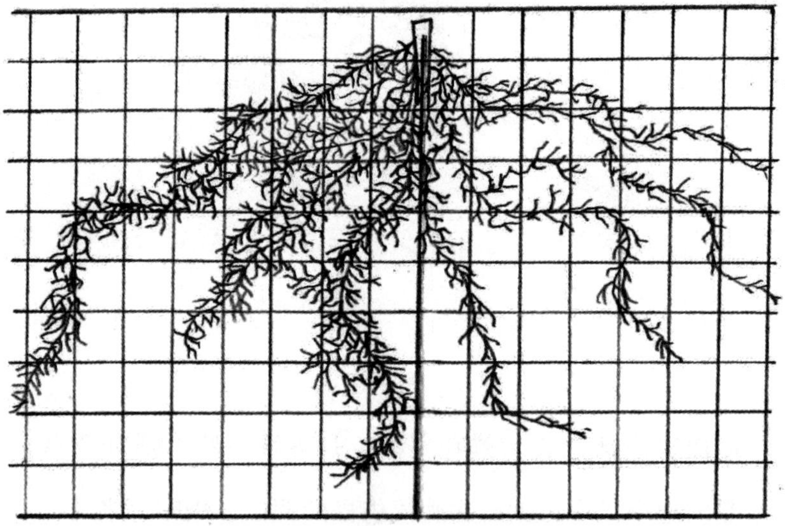

（左）经过蒸汽消毒的土壤　（右）未消毒的土壤

番茄的根系

根的尖端戴着一顶小帽子，叫作根冠。这是为了防坚硬的沙砾等将柔软的根尖擦破而生的保护器官。

将蚕豆种在适当湿的沙或锯屑中，到根伸到 2 寸光景长的时候拔起，从中央到尖端，每隔 1 分左右，用墨画 1 条横痕，并设法给予湿气。第 2 天再观察，这根已长了不少，但画着的度数不像先前那样均匀了，可见根延伸的速度，不是全体相同的。伸得最快的，就是尖端稍上处，叫作延长部。

根端是感觉很灵敏的地方，它不断地左歪右斜，穿过土粒间隙向下延伸。若碰到坚硬的石块，无论如何钻不通的时候，便立刻通知延长部：“赶快替我弯曲吧！”于是，不久，延长部就会弯曲，根的尖端，再向新方向，继续探险前进。那位有名的达尔文先生说：“植物的根尖有脑髓似的作用。”某学者又推想：也许从根尖到延长部，有动物的神经似的东西连接着。究竟怎样，现在还不明白。

根原是为吸水而生的，它躲在地中，一半也是为此。所以若地中有一处干，一处湿的时候，它就只向湿润的方向延伸，即使

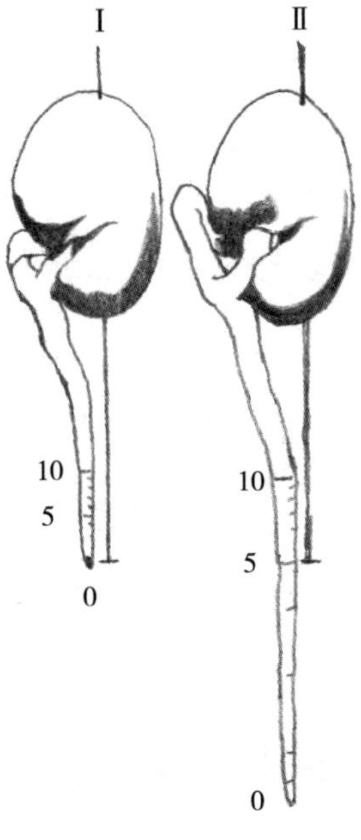

根的成长实验

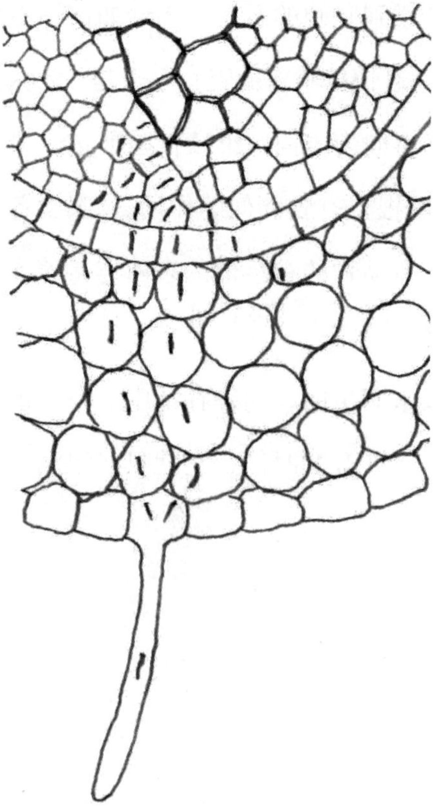

根毛吸收水和溶液送入木质部的图解

这湿润处离得颇远，也还会向那方向走去。这看去好像太奇怪了，其实因根尖常拣少砸碰而又松软的地方进行，湿处的周围，自然土松泥润，至于由远处泥土来的细微影响，我们虽看不出，灵敏的根尖却能感得。

若地中有水积着，根延伸到那边后，便像扫帚似的生出许多枝根，将水潭围住。这样的根，在崩坏的河岸上常常看到。地中的根，不仅能向有水的方面延伸，连有毒质的地方，都会知道，绝不胡乱伸过去。而且这块地有无养分也远远就知道，总拣着养分丰富的方面走。

这里且讲一件非洲地方的新闻吧！热带原产的仙人掌在非洲那边，多得同野草一样，常常缠着树干上升，用一片片碧绿的茎，装成一棵翡翠树。某处农家，偶然将仙人掌丢在仓屋的顶上，这屋顶上有一个孔，当仙人掌的茎在屋顶蔓延时，恰巧碰到这个孔，于是仙人掌立刻生出许多根，穿过这孔，在屋内慢慢挂下去，一直达到相离八九尺的地面。可惜，这仓屋里有许多鼠，也许它们以为是从天上吊下来了好点心，一起将根尖咬去了。

根能够这样长长地挂下来，固然因它有向地球中心伸长的性质。换一面想来，又像有特别的智慧，虽在高处，一知道有可以达到的土地，就勇敢地伸下来，像故事里听到过的龙一般。长长地挂下根来喝水的树木，在热带地方常遇到。

根虽有这样求水的性质，但实际能够喝水的，也只是尖端的软嫩部分，老的部分，皮层坚硬，不能透水，只用作支持身体罢了。即同是软嫩部分，生在延长部上方的丝一般洁白的许多根毛，最会吸水。若在移植草木时，胡乱拔取，伤了根毛，那么它就要因不能“喝水”而枯死。

接着我们要来研究，根究竟有多长？某学者把一棵刚从种子萌发的枞树种在沙里，经过 3 个月，主根和支根一总加起来，长有36尺，根的表面积也有5尺见方。某种玉蜀黍[①]，根也有1500～2000尺左右。据别个学者检查的结果，某种大王瓜的根有75000尺，就是50里左右，这完全好像是胡说的。

单子叶植物的根，往往深得使人不信，尤其是泥土干燥的地方。小麦即使生在肥土中，也能伸到五六尺的深处。野草中，像白花苜蓿能到9尺左右的深处。最会钻地的，要数非洲产的巴恶巴蒲树了，它的根能一直伸到100尺深。

山蒜、薤（俗叫火葱）、洋葱等的根，有更有趣的作用。这些种子发芽后，根也是向下延伸。但因它们都是百合的亲戚，根像一蓬胡须，当它们斜斜地向四面八方伸去，用尖端的根毛，牢牢地附着在泥土上后，再将根一缩，于是茎就被拉入地中了；这恰像从气球上面挂了许多绳，使每辆汽车各个系了一根而向四面奔驰，拉它下来的情形一样。到了秋天，虽另外再生专吸收养分和水的根，但第2年春天，新叶一出，又生这种有拉扯作用的根。所以，茎的基部一面渐渐膨大成球茎，一面慢慢向地中埋下去。可是，也不是一直深深地陷下去，到了适当的地方就会停止。好像茎虽在黑暗的地中，仍旧很明白自己的位置。

前面讲过，根碰到坚硬的石块，只好转弯避开。但有时它们不肯退让，分泌酸液将岩石溶解。试看打磨得光光的石碑，苔藓

① 即玉米。

生长后，就被溶得凹凸不平了。到山中去，常可看到根钻入岩石中的例子，这是因岩石的裂隙，暗黑而多水，根自然喜欢钻进去。后来，肥大起来，便将裂隙胀开。据说某学者见过，直径还不到1尺的根，肥大时能将1600斤重的石块抬起。有些石墙坍倒，就是因为贴近种着树木。

二　植物的运输机关

草本的茎构造比较简单，但木本的茎（就是树干），因形成层很发达，所以有种种变化。现在先从草本的茎讲起吧！

草本的茎，照一般说来，在基本组织中的维管束是各个分开的。草本的双子叶植物，维管束大体排成环状的一圈；单子叶植物，是点点散开的，我们试着在油菜、白菜的茎叶中查查看看，里面总有一根一根的东西（普通叫作筋），这就是维管束。

维管束这种组织，究竟是怎样的构造，不能不来讲讲明白。维管束大体是由三种东西结合而成的，就是木质部、韧皮部以及夹在中间的形成层。木质部中虽有各种各样的细胞，但最明显的是导管和管胞。木质部仿佛植物体内的自来水管，能把根上吸进来的养分溶解在里面的水中，向上方搬运。

我们若去摘一根草本的茎，插在红墨水瓶里，那么过了一刻，就可看到茎里有一条条红色的细纹，这就是被红墨水染红了的通水路。

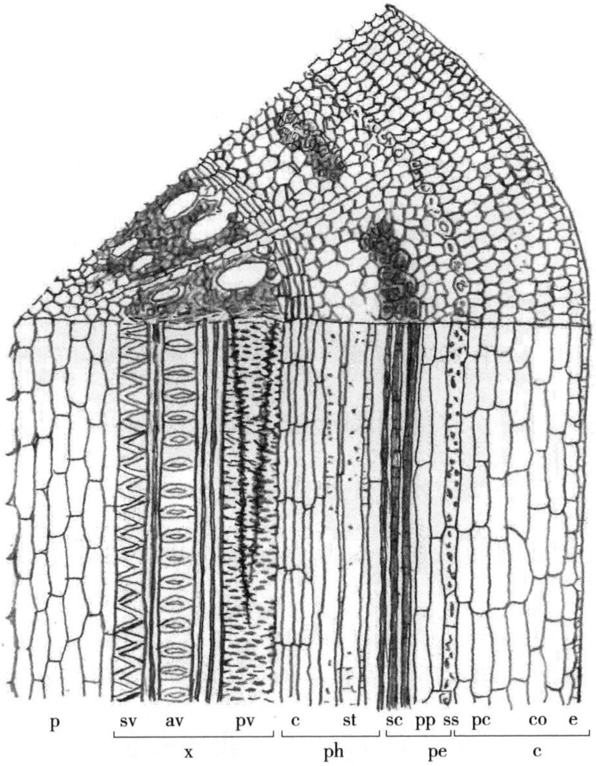

双子叶植物草本茎的构造

p. 髓 x. 木质部 sv. 螺旋纹导管 av. 环纹导管 pv. 孔纹导管 c. 形成层 ph. 韧皮部 st. 筛管 pe. 维管束鞘 sc. 厚壁细胞 pp. 薄壁细胞 c. 皮层 ss. 淀粉鞘 pc. 薄壁细胞 co. 厚角细胞 e. 表皮

若在用中国墨磨成的墨汁中插一会儿，把茎切开便可看到，各处都有黑色细点，这是墨塞在导管中的缘故。墨虽是混在水里的微细粉末，但在导管中也可上升到相当高的地方。

导管细胞就像两头通的竹筒，一个一个连成一根长长的通管，所以微细的粉末，也可跟了水上升。

管胞呢，虽和导管一样也是通水的路，但每个管胞细胞两头不通，所以虽是同样地连成了一条管胞，但里面是一截一截隔开的。用一个比喻来说明，导管像自来水管，管胞恰像未曾把节打通的竹竿。水源可渗透过一层一层隔着的管胞的细胞膜而上升，但固体的粉末，不论怎样细小也无法透过。所以，木质部中只有管胞的植物，虽被插在墨汁中，但不会连上部染成黑色的。

韧皮部虽是和木质部同在一起的组织，但用处不同，它是把叶等合成的养分，向各部分搬运的，里面最重要的筛管和木质部的导管、管胞相像。因为管里有米筛般多孔的筛板隔着，所以替它取了这样一个名字。

形成层是由许多非常活跃的细胞集成的组织，能够新造木质部和韧皮部。这种作用，在木本的茎中尤其明显。

树干的特点是形成层连接成一圈，每年向里面（干的中心这面）造木质部，向外面造韧皮部。

木质部就是普通叫作木材的部分，因一年中气候寒暖不同，

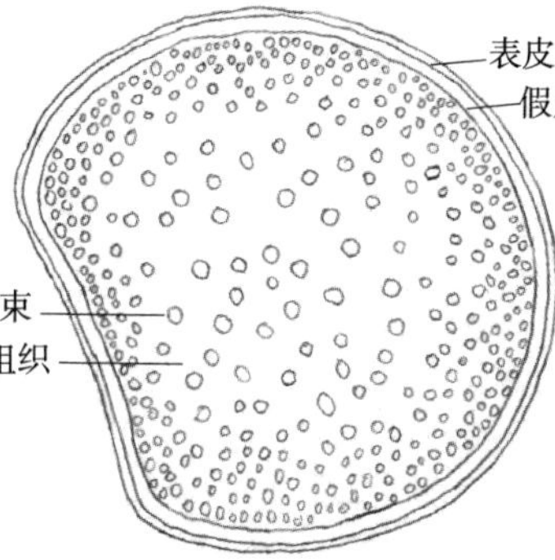

单子叶植物草本茎的构造

构成木质部的细胞也有大小，从春到夏，形成层所造的木质细胞形状颇大，秋季造的却细小得多，而且颜色较浓，相间排列成层，我们称它为年轮。根据年轮数，可以推定一棵树的年龄。

三　草本和木本

我们跑到野外去看，有干粗到要两三人合抱的大松树，也有在微风中摇摆的紫云英。一般说来，像松树这般茎干粗大，一径活在那里的，叫作木；像紫云英这样又细又弱，一两年就枯死的，叫作草。

可是，在学术上却另有分法：形成层非常发达，每年造一圈年轮，茎会变得粗大的是“木本”；虽有形成层，但不造年轮，寿命只一两年的是“草本”。这是撇开外观上的粗细大小，从内部的构造来区分的，所以矮小的月季花，是属木本，而干高茎粗的向日葵，反是草本。

那么，木本和草本究竟哪种算是摩登式样呢？换一句话说，是植物从木本进化到草本呢，还是相反的呢？

关于这个问题，有种种说法。从前的植物学家认为木本是由草本进化的摩登植物。从细弱的草本，进化到亭亭直立的木本，原也说得通。但在最近三四十年里，说草本比木本进步的学者多起来了，为什么呢？因为现在的气候，是草本比较适合。自从显花植物产生后，地球上已渐渐有了冬夏之别，为了适应这种气候，于是一部分木本植物进化成草本。

生物的目的在繁衍子孙，并不在于竖起粗干，摆摆架子。所以，比起发芽后经过好多年方才开花的木本，当然还是春天发芽，当年结实，目的一达，自己便枯死（也有只地上茎枯死，地中的根或茎，依旧留着的）的草本，来得聪明合算。

再从化石方面看来，古代的羊齿植物（薇、蕨之类）或和它近似的植物，多是木本，形成层发达，能够造成木质部。可是，现今羊齿类中，虽有干高茎粗的木状羊齿，但形成层完全消失，不会加粗。就是古代虽有木本的羊齿类，但现在完全成草本状了。这里还须说明一句，木本、草本原是显花植物中茎的名称，羊齿属隐花植物，照理不能称什么草本、木本的，不过因双方都是茎，所以就勉强借用了。

认定草本比木本摩登的根据还有一个：显花植物里面，有像桃、李等的被子植物，也有像松、柏等的裸子植物。裸子植物全是旧式的植物，那是早经确定了的。这旧式的裸子植物中，竟没有一种是完全的草本。而且，被子植物中，单子叶植物又比双子叶植物摩登。可是，这摩登的单子叶植物中，形成层很发达，能够造成年轮的木本植物完全没有。单子叶植物中，茎干巨大的原不少，像竹便是一个例子。但这是因各个细胞的长大而加粗的，并不是形成层产生新细胞的结果。旧式的裸子植物中，全无草本，而摩登的单子叶植物中，全无木本的事实，使草本从木本进化的理论更加稳固了。

四　芽的萌发

一到初春，阳光似乎比以前更有力，树枝上的冬芽，也就一天天地发绽，不久，便脱去大衣，伸出嫩绿的小手来了。

树木不单把春季活动的原料预先贮藏着，而且还早早长着一粒幼芽，一到春天便会绽放新的枝叶、花朵。当和煦的春风吹来，暖和的春阳照着时，它们就从沉沉的冬眠中醒来，从地中吸取水分，溶解体内贮藏着的养料，运送到芽中，于是芽就慢慢地膨大了起来。

冬季填充在芽上鳞片间的胶质，这时已软得发黏，使鳞片不再互相胶着，可以绽开来，让最初的嫩叶从摇篮正中伸到外面。差不多可说全部树芽上，一到春天近来，多少带一点黏，这就是这种胶质发软的缘故。若蜜蜂遇到，就赶忙采去修补旧巢。

一般树木的萌芽，虽多在初春，但因植物的种类不同，也略有迟早。因为植物的冬眠程度各有浅深，凡睡得不十分熟的，稍受刺激便立刻惊醒，像连翘和樱树等就属于这一类。山毛榉[①]真像只睡熟的猫，即使有种种刺激去打搅它，直到1月底还不见动静，2月中旬以后，方才像略略有点活动的形迹。

若是春天已到，而树木还径自贪睡，不肯醒来时，古人便要敲打大鼓，催它快醒，叫作“击鼓催花”。这是因为当春初树木萌芽时，常可听到几次春雷，因此有人误认花是给雷声惊醒的。若树木不醒，便疑心是没有雷声的缘故，就用“咚咚咚”的鼓声来替代。

这样的催法，即使是最易惊醒的树木，也给他个不理不睬，依旧沉沉熟睡。那是无须说的。但是最近有几种科学的催芽法发明了，用这些方法一催，任凭怎样贪睡的树，也只好揉着睡眼醒来了。

科学催芽法，有注射法、创伤法、药品吸收法、镭锭法、硫酸法、醚法、温浴法等。现在把最容易实行的温浴法来讲一讲，折下一根生着冬芽的枝条，浸在30℃左右的温水中，经过8小时到12小时——在这期间内，当然须保持同样温度——拿出后，像普通一般插在装着水的瓶子里，放在温室中。不过瓶中的水须常常更换，否则因产生微生物而切枝不容易把水吸起。此后，再放在暖和的房间里，芽就慢慢萌发了。

---

① 今通称水青冈。

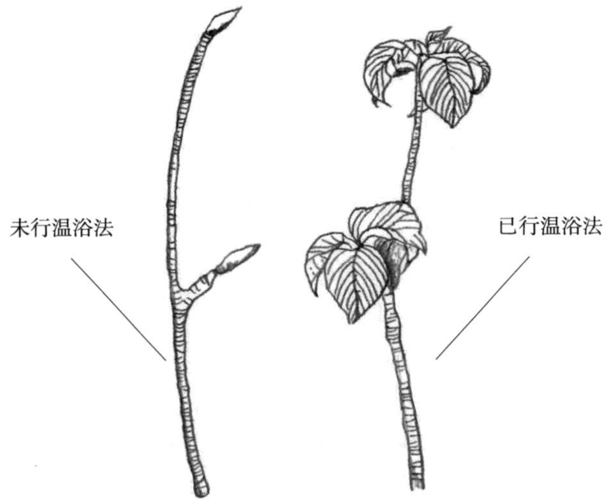

芽的展放

硫酸法是手续最简单而效果又最显著的方法。把浓硫酸倒一些在小碟里，将每粒冬芽，都在里面浸10秒到20秒，用清水洗净，此后便同前法一样，放在温室中。若只把枝条中央的一粒芽行硫酸法时，那么这芽最先萌发，接着上下两粒芽也醒来了。这大概是因为硫酸浸过的芽，分泌一种液汁，向上下移动，而惊动了邻芽。

到了春天，冬芽一起萌发，这时植物体内生长素的动作怎样？内分泌似的东西的作用怎样？若能够明白，多少会有趣；可是，直到现在还没有可信的说明。对于生长素的动作，器官的交互作用等的研究，近年已有显著的进步，也许可在里面探究出萌芽时的机构吧。

五　新叶

暖洋洋的阳光，唤醒了枝上的冬芽，不久它们就伸出一条生满绿叶的嫩枝来点缀春景。

冬芽的内部，我们若剖开来看，中央是圆锥形的短轴，周围包着好多重鳞状叶和折叠着的叶片。春天一到，这短短的圆轴，立刻就粗起来，长起来，伸成新茎。这时，原来折叠着的叶片，不用说是展开了、扩大了，而且鳞状叶也多长成一片一片的绿叶。也许不会使人相信，连这样萎缩的鳞状叶都有这等变化。

原来叶的发生，最初是茎上隆起的一个瘤状体，不久，分成叶体部和叶基部。在发生初期，普通总是叶基部比叶体部发达些。若只是叶基部发达，那就成鳞状叶。后来，这暂时萎缩的叶体部又发达起来，于是鳞状叶也变成绿叶了。不过由这种鳞状叶展成的叶片，往往叶柄扁阔，叶身狭小，着生在茎的下部，叫作低出叶。

叶体部的发达虽比较迟些，但普通总是这部分最发达，就成叶身。这叶身的生长又很特别，不同于根和茎那样从顶巅伸长起

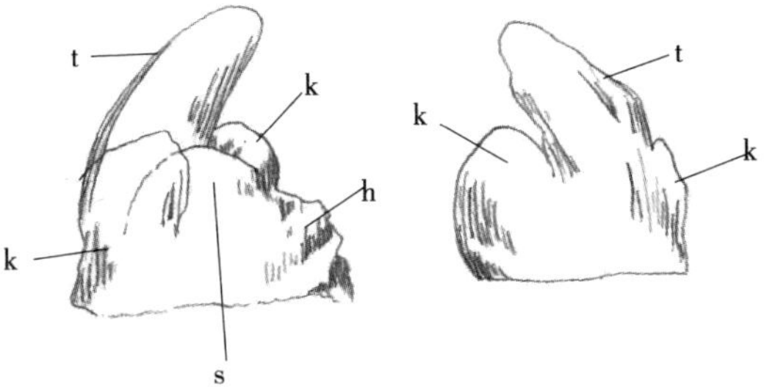

榆树的原叶

s. 生长点 h. 最嫩叶的发生体 k. 叶基部 t. 叶体部

来的，它是由接近叶基部的部分，造成新组织，而逐渐扩大起来的。所以一片叶身上，尖端是旧组织，基部倒是新组织呢！

普通在双子叶植物中看到的完全叶，是由叶身、叶柄、托叶组成的。叶柄总是最后发生，由叶基部和叶体部的中间部分伸长而成。为什么把叶柄的生长留在最后？因为这片叶身放在哪里，是由叶柄的生长情形来决定的。而叶身的位置，和能够受到的日光、空气等的分量有关。植物要想把各片叶身都放在适当的位置，使它能够充分地营生理作用，所以使叶柄最后生长。托叶，不用说是从叶基部生长的。此外，像叶鞘、叶节等器官，也都是从叶基部发生。

关于叶片发生的情形，如果想知道得更明确些，那可以把七叶树等还未萌发的芽采来，细心地一片片剥下来，按着次序排起来，那么就发现这样的事实：头上几片是暗黑色，短得几乎成圆

七叶树包藏在冬芽中的各小片，可以示明叶子生长的经过

形的鳞片。接着是逐渐伸长，同时绿色也慢慢地浓起来的鳞片，而顶上有一个不定形的皱褶凸起，这就是以前讲过的叶体部，鳞片是叶基部，这凸起部分慢慢扩大，变成一张小叶，而蜷缩着躲在芽的中心。这时，叶基部和叶体部中间，已有一细隙。将来的叶柄，就从这儿生长。此外，像欧洲公园中常见的红醋栗的芽中，也可看到同样的情形。

最后，我们还可趁草木发芽时，把生复叶的经过观察一下。像山野自生的落叶乔木中，有一种叫作石檀[1]，它的复叶是由7片或9片小叶合成的。当它有翅的果实落在地上而萌发时，最初当然是两片子叶，后来就生叶脉明显的两片单叶，上面是由3片小叶合成的复叶，再上面是5片小叶的，最上面才是有7片或9片小叶的真叶。这一系列就是对我们说

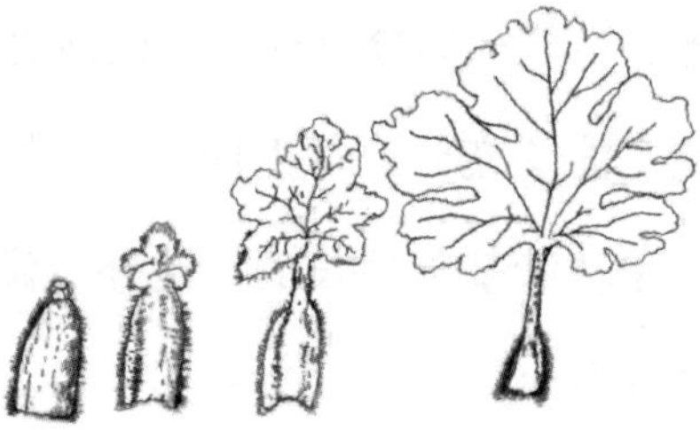

藏在红醋栗芽中的各小片

① 今名毛脉梣。

明：从前它也是生长单叶的，经过了这样一个一个的阶段，才变成现在这样；变成生着7片或9片小叶的复叶的树了。此外，七叶树萌发时，也可以看到同样现象。所以复叶的植物，算是比较进化的。若问为什么要从单叶变成复叶，在进化上究竟有什么意义？大概是因为可以多受日光照射和多接触空气吧！

从这棵小小的石檀树苗上可看出从单叶变成复叶的过程

六　新绿

到了似烟似雾、好像有意瞒人般、常常不声不响地下着的春雨已看不到时，接着来的是雨脚似丝，洒在叶上“沙沙”有声，听去有爽利感觉的初夏之雨，也有人叫它“新绿之雨”。

刚从冬芽或种子中钻出来的嫩叶，多带淡黄或黄绿色，有的因嫩皮肤受不了强烈日光的照射，还罩上一层红色（叫作春季红叶）。可是，在这沙沙的雨声中，绿色逐渐加浓。如到郊外去走走，便见山坡和原野全是一片刺眼的鲜绿色，这就叫作“新绿”。

原是淡黄或黄绿色的叶片，为什么会变成浓绿呢？为什么各种草木的叶片多是绿色的呢？使叶片现绿色的，究竟是哪种物质？这些是欣赏新绿的人应该探究的问题。

一张叶片多受日光的叶面，总比背日的叶背绿色较浓些，把土窖中长大的黄白色的植物搬到日光中，不久就会现绿色，而且像蝴蝶花、燕子花、花菖蒲、菖蒲等直立着的剑状叶，因为两面都受日光，就会同样浓绿，分不出叶面和叶背。所以粗粗一想，便知道叶片的显现绿色和日光有关，沙沙发声的丝雨，倒并不是新绿的成因。

要彻底明白，当然须靠药品和机械的帮助。我们将叶片薄薄地横切一片，放在显微镜下，便见近叶面的排列整齐的栅状细胞和近叶背的七歪八斜地架着的海绵细胞内，都有绿色的小东西含着，这叫作叶绿体。

叶绿体通常是球形或椭圆形，也有呈盆形或带形的，像水绵的叶绿体是螺旋状地卷绕着的带形。高等植物叶绿体虽多含在叶片中，栅状细胞中含得较多，所以叶面呈浓绿色，但根和茎的皮层中也有。根里有叶绿体的，能营光合作用，所以叫作光合根。

叶绿体也和别的原形质色素粒或核一样，埋在细胞质内，且有移动性，所以没有固定的位置，但也不是随意散布的，大抵是排列在接近细胞膜的地方。因为和细胞间隙交换气体方便。有趣的是它常随着日光的强弱，沿细胞膜兜圈子。日光强烈地照着时，就集在细胞的左右两侧，排成双行纵队；日光弱的阴天，就集在上下两端，换成双行横队；到了夜里，全无日光，就集在左右两侧和中心休息了。这又是在讲“植物的运动”时，常被引用的例子。

我们知道了叶片是因含有叶绿体而现绿色的。那么，叶绿体里面含些什么物质？有什么作用呢？还须研究才会明白。

原来叶绿体含有一种叫叶绿素的绿色素。这种叶绿素，无非是一种植物性的色素，容易溶解在醇、醚、甲醇等液体里。所以若把柔软的绿色叶片，放在醇中煮一会儿，或先用水煮一煮，再浸在醇中，便成叶绿素的鲜绿色浸出液。这种醇的浸出液，若透过光而看时，现鲜绿色；从反射光看时，现深红色，并且发红色的荧光。

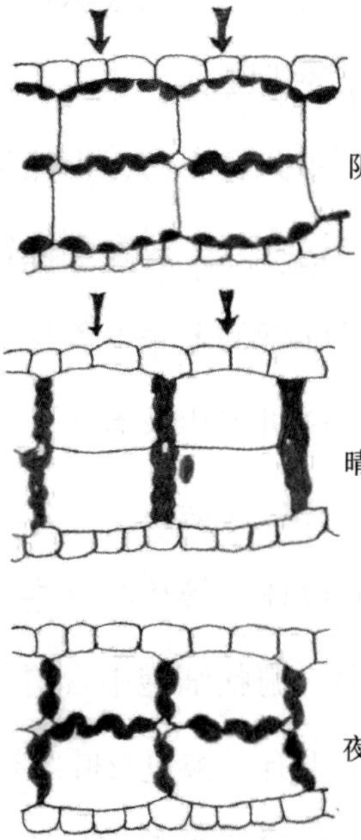

品藻叶绿体的运动

这种浸出液里，因有油脂类、蜡等杂质混着，所以叫作粗制叶绿素溶液，但因大部分是叶绿素，所以研究这种溶液的性状，也可窥知叶绿素的性质。

首先是叶绿素溶液为什么会发荧光？这问题早早就有人讨论了，但直到现在还不曾解决。

原来某种物质的发射荧光，是因它有将吸收来的“能”（energy）化成荧光线“能”而放射的性质，这是一种“能”的转换作用。因此可以推定叶绿素溶液也有这种“能”的转换作用。根据学者们的研究，知道在叶绿体内的叶绿素也有发荧光的能力，叶内自然状态中的叶绿素，有利用日光的“辐射能”的特殊作用，也许根源就在这儿吧！

关于叶绿素溶液研究得最清楚的，是吸收光带的状态。将透过这溶液的日光或其他类似的光线中，放一个棱镜而看时，那么它光带中的一定位置，有一定数的吸收带显现着。通常是6（或7）条，其中有2（或3）条是阔幅的，在青色和堇色部分。此外4条，是在红色和黄色部分，而且在红色部分显现的第一条吸收光带特别浓厚。这虽是叶绿素的醇溶液所表现的性质，但用新叶代替，或就含在叶绿体内的叶绿素研究起来大致相同，所以不妨就认作是叶绿素的性质。

其次，要知道的是叶绿素究竟是由哪一些物质构成的？若在粗制的叶绿素醇溶液中加了苯，摇几下，静置一会儿，便见它分离成绿色的上层和黄色的下层。这是溶解在醇里的叶绿素，又转溶入苯中，集在上层；溶在下层醇中的黄色物，由多种物质混合而成，现在已经知道的，是叶黄素和胡萝卜精①（carotene）。

叶绿素的醇溶液中，既有这么多的杂质，要提出纯粹的叶绿素，手续很麻烦。化学家从叶片提取纯粹的叶绿素时，通常用下列的方法，先将叶片干燥，研成粉末，再用苯一浸，除去溶解在里面的杂质。再用醇制成叶绿素的浸出液，加石油醚，摇一会儿，大部分叶绿素就转溶在里面。静置一下，将浮在上层的叶绿素的石油醚溶液取出，再加90%～95%的甲醇，除去溶解在甲醇中的

① 今名胡萝卜素。

杂质。这样反复了几回，石油醚中的叶绿素，渐渐纯粹而浓厚起来，终究变成带黑色的微细结晶物而析出，这样得到的粉末是颇纯粹的叶绿素了。它有不溶于水而易溶于醇、醚、石油醚等的性质。若把粗制叶绿素醇溶液放着，也有一种结晶物析出来。这不是叶绿素的结晶，而是叶绿素和醇的结合物。

经过许多手续而得到的纯粹叶绿素，还是两种相似物质的混合物：一种叫作叶绿素 a，是蓝黑色的结晶体，它的醇溶液现蓝绿色，发深红色的荧光；一种叫作叶绿素 b，呈绿黑色的结晶体，它的醇溶液现绿色比前者更浓，而且带点黄色，发褐红色的荧光。

叶绿素的化学性质，大概是这样。它在叶内怎样形成呢？由哪种物质变成的呢？现在还不知道；不过从无色的原形质小粒（即白色粒）内，只要一定的条件具备就能形成叶绿素这点看来，知道这里面一定有某种母质存在。

至于产生叶绿素的条件：首先是日光，前面已经说过了；其次是适当的温度，普通在 4℃以下或 40℃以上，便难以生成。秋天的红叶，便因为花青素生成、叶绿素消失而来的。叶绿素内，并不曾含着铁，但当把绿叶植物在水中培养时，若全然不给铁的化合物，叶片便现黄白，大概铁对于叶绿素母质[①]的生成上有相当关系吧！此外叶绿素的生成上，还要镁盐、糖类以及含氮有机化

① 叶绿素的合成是一个复杂的过程，其中涉及到多种中间产物和前体物质，通常有原叶绿素酸酯等被认为是叶绿素的前体，某种意义上可以理解为“叶绿素母质”。

合物和氧等，都可从实验来证明。

刺眼的新绿的本体，就是含在叶绿体中呈黑色结晶的叶绿素，已经明白了。那么，它究竟做些什么工作呢？我们若从放在暗处的植物上，采取叶片到显微镜下去检查，看到其中叶绿素的构成，全是一样。再把它放在日光下，经过几分钟，那么便可在叶绿体中看到有微粒出现。有些植物，这微粒逐渐增加，终于从叶绿体钻出，连着的一面继续生长，而造成特殊的层。我们不必等到它发达，即是针尖般细小的，用碘一涂，也呈青色，可见这生成物便是淀粉。

叶绿体和叶绿素，靠了日光的帮助，将二氧化碳和水制成的淀粉，实在是地球上一切有机物的源泉，是维持一切生命的基本材料。

七　植物也会出汗

和我们同样有生命的植物，平时需从开闭自如的气孔蒸发水分，那是已经知道了。不过一到大热天气，是否有来不及蒸发的情形？是否要同样化成汗而排泄？这还需仔细观察。

蒸热的夏夜，当晓色初来，草席微凉时，你若能毫不留恋地起来到园中去看看，便见各种植物的叶上，都有亮晶晶的水滴，缀在叶尖或边缘。耐着心注视，见它慢慢地大起来。不久，因为重得留不住而落下，原处又有一粒更小的水滴出来。这不是自外附着的露，而是从植物体内渗出来的水分，懒得观察的人们也许就叫它朝露。

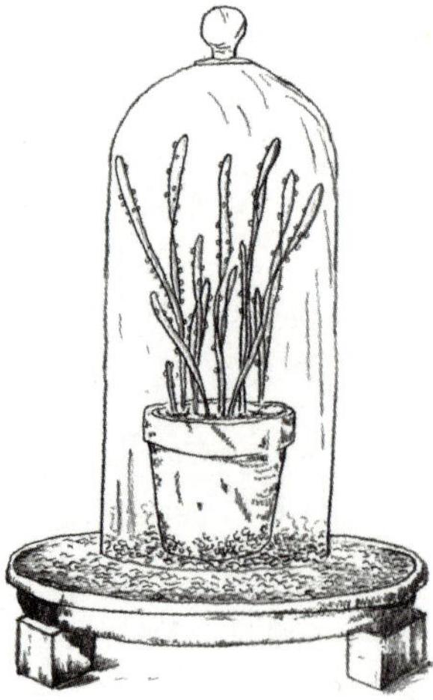

禾本科植物排出水滴的实验

这种排水现象，最显著的是芋艿、金莲花以及多数禾本科植物。在热带的茂林中，这等植物尤其多。天南星

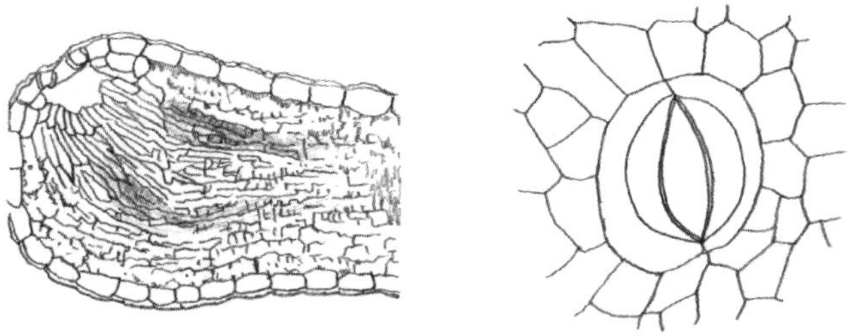

断面　　表面

水孔

科的植物，排水的分量较多，像芋艿，常见水滴陆续不绝地从叶尖下滴，恰像一个烈日下耕耘的农人。据学者们计算，每分约有190滴，一夜的分量可达100立方厘米。

动物大多数是用汗腺来排汗的。那么，植物排水的器官是什么样的构造呢？原来植物排水现象也有两种。第一种，通过与细胞间隙直接连接的孔，将存在于细胞间隙中的水分排出，这完全是因根吸水时所生的根压将水挤出，所以是一种由物理的压力关系所生的加压、滤过现象。排水器官很简单，是退化了的气孔；保护细胞已失去伸缩性，像一直张着大口的石狮子，这就叫作水孔。

有些水孔，有比较进化的特别构造，像樱草叶上的水孔，大都在叶脉尖端，变成一束管胞，直接在细胞间隙中开口，再由遮盖这部分的表皮上的气孔和外界相通。这种复杂的水孔的排水口，也仍旧是气孔。有的由单一气孔，有的由多数气孔集合而成。气孔的保护细胞，有的依旧留着，变为水孔的保护细胞，有的因破坏消失而留下空洞。凡排水口和管胞尖端相离稍远、细胞间隙较大的，便生一层由含叶绿体较少的细胞所构成的特别组织，叫作滤水组织。

第二种是活细胞由自动的生理器官分泌水液的现象。担任这种作用的排水器官，特别地被称为排水腺。排水腺虽有种种形状，大多数是由属于表皮系的单细胞或多细胞体构成。有时，表皮细胞依旧在原处，只要形状改变一下就成排水腺了。

剩下的问题是植物到了夏季，为什么要起劲儿排水？我们根据观察所得，知道植物排水多在蒸热的夜间，就是温度高而空气多湿的时候。高温使根的吸收作用旺盛，多湿更抑制气孔的蒸发作用，入多出少造成植物体中水分过剩现象，因此只好通过直接将水分排出来调节了。

当挂在鼻尖的汗珠流到唇边时，我们便有咸的感觉。同样，植物所排出的水分中，也含着有机物和无机盐类，并不是纯水。我们出汗后，皮肤上往往有细小的盐粒附着，而植物排水口边，也同样留着细粒。所以，我就用了这样一个新鲜的标题——植物也会出汗。

八　红叶

一提到自然美景，总说春花、秋月，好像只有鲜花和明月才值得赏玩。其实晚秋锦绣般的红叶，浓厚鲜艳，与春花相比，别具一种风韵。唐朝的诗人杜牧曾赞美过红叶，他说，“停车坐爱枫林晚，霜叶红于二月花”。

三秋天气，山麓陌头，乌桕和枫树都像喝了三杯白干后的老人，满脸通红，坐在那里打瞌睡。生活紧张的现代人，自然没有古人“林间暖酒烧红叶”的闲情逸致，去对它低回赞赏。红叶在枝头待不住时也就飘飘地离枝飞下，铺成一条什锦毛毯，作为临别纪念了。

青青的树叶，怎么秋天一来就会变成鲜红？这是看了红叶美景后，谁都要提出来的疑问。《山海经》上说，“黄帝杀蚩尤于黎山，弃其械，化为枫树”。械就是桎梏，因染有血渍，所以枫叶同血一般鲜红，这自然不足凭信。《西厢记》中有“晓来谁染霜林醉，总是离人泪”。说枫林是血泪染红的，这也全凭文学的渲染。

现在要依据实验来解说一下，先须考察，变成红色的物质在叶子的哪一部分？采一片红叶来看，就知道叶面比叶背红得更浓。再把这叶薄薄地切下一丝来，放在显微镜下去观察——切叶时，要拣最厚的叶，而且先加上一滴甘油，再盖上玻璃片去看——便见叶面附近，栅状细胞内，贮满了红色液体，此外细胞里还有黄色的粒子。不用说，就是这红液使叶子呈现红色的。

那么这种色素是怎样生成的呢？原来色素的生成，是从体内的新陈代谢而来的。高等植物的新陈代谢作用，受光线、温度等外界因子的影响很大，所以色素的生成间接受着光线、温度等的影响。说得更清楚些，当晚秋天气渐寒时，叶片内光合作用和糖类变淀粉的化学作用受到阻碍，于是糖分积贮，色素就形成了。红叶的呼吸率（就是生物吸取氧的量和吐出碳酸气①的量的比，写作 CO_2/O_2）要比绿叶低下，而且有机酸也较多，这些都与色素的形成有关。

至于这些色素的本体是什么，还得研究。不论哪种植物的叶、花或茎中，都含有一种和淀粉相似的黄色素母酮酚（flavonol），表皮细胞中尤其多。这种黄色素母酮酚的作用，同我们的遮阳伞一样，可以遮住妨害植物的紫外线，不让它透到内部。到了秋季，黄色素母酮酚就转化成花青素（anthocyan），更因某种液体的作

① 二氧化碳的俗称。

用，而变成红色。花青素遇到酸类会变红色，大概这种液体也是酸性的。

当切了红叶到显微镜下去看时，会加上一滴甘油，因为怕花青素溶入水中。可是，当红叶浸在水里时，水并不会变红。这是因为当细胞活着时，含在里面的花青素是不能外出的。假如我们把红叶在钵中捣碎，加水煮一煮，使细胞死亡，花青素就能溶在水里。再拿来过滤一下，就得到美丽的红色叶汁。把它放在洁白的洋瓷盘里，加两三种药品，能变出怪有趣的彩色。

先向盛在瓷盘内的叶汁中，稍稍滴几点稀盐酸，立刻变成浓赤色，因为花青素遇到了比在叶子里时更强的酸，所以色彩会变得更鲜明。再滴几滴肥皂水，怎样？鲜红的叶汁，立刻又变成美丽的绿色。因为肥皂是碱性，和酸相反。这时分量比酸多，所以能消减了酸的作用，而显现碱的作用。盛在别个瓷盘中的红叶汁，试滴几点滴明矾水，就显现出美丽的紫色。

说起红叶，就会想到枫树，好像红叶就是枫叶。其实此外的种种树和草，有红叶的很多。最普通的是，叶片与枫树相像的槭树，种子呈现白色的乌桕，花要“扑扑”地落下来的柿树，叶片呈扇形的银杏等，各个现着从鲜血般红到金箔般黄的种种浓淡不同的色调，装饰着美丽的秋山。

红叶也不是世界上到处都能看到的，大概以北半球的温带地方为限。在欧洲只有在瑞士山中、德国莱茵河畔、奥地利河旁边，略有点缀。此外能看到美丽的红叶的地方，是中国、日本和美国。美国红叶的情形不知道。日本的红叶名所是日光、盐原、碓冰岭、箱根山等，这几处山上几乎全是槭树。一到晚秋，满眼红黄，简直同一大堆的锦缎一般。我国呢，多是水边篱落，三枝两枝衬在苍松翠柏间。从这一点，就可以看出国民性的不同。

前面说过，红叶色素的形成，与日光、温度等外界的因子有关，所以凡秋季里昼夜温度的差异大、晴天连续、有时降几次雨的年份，往往会有特别美丽的红叶。至于庭园中的盆栽，可用人力使红叶更加美丽。在夏季里，只上午受日光，下午避西晒，叶边就不会皱缩，多施肥料，那么叶便不会早落，不要淋雨，还需放在空气流通的地方，这样就能看到十分美丽的红叶。

九　落叶

当街顶狭狭的一条青天上，可看到淡白的月儿，搬进室内的菊花，已把叶子软软地向下挂着，人们的鼻端嘴角，可看得见白烟似的呼气时，季节已到了初冬。每天早上，可在人行道上，把还未扫去的落叶，踏得沙沙发响。抬起头来，又可看到绿玉似的梧桐枝条，表现着挺秀刚健的姿态；银杏树露出粗干上一个一个乳房状的瘤；最能把人们脚步留住的，是在法国梧桐梢头打秋千的绒球般的果实。倘若你能走到林中去看，那又另有一番景色：即在静寂无风时，枯叶也从这树枝头、那树梢上，飘飘地下坠，发出低微的簌簌声。有时，一阵渐渐近来的风，飒地冲入，许多树叶像小鸟般向天空一哄飞散，林中也骤然明亮许多。

这种情形，每年每年地反复着，所以叶子的下落并不是偶然的，而且在寂静无风时，树叶也会因本身重量的关系，飘飘然辞柯飞坠，又可知道是树木自己使它落下的。既不是偶然，又不是被动，那么在这些树木本身，也许有某种必须落叶的原因吧！这是当我们看到落叶时，常要转到的念头。

照自然法则来说，凡是无用的东西，一定会被淘汰。翻一个面说，凡被淘汰的，多是无用的东西。所以即使不经仔细研究，也可推定飘坠的叶子在树木来说已经毫无用处。好容易长成的叶子，怎么会毫无用处呢？也许要发生这样的疑问。原来叶子对于树木，有两种用处：一是由光合作用制成营养物质，除供给生活上必要的新陈代谢的资料外，还把一部分贮藏在植物体内，作为来年发芽时的养料。所以叶子从春经夏，无休无息地工作着。一是由蒸散作用从气孔中将体内多余的水分，向大气中放出，使根可不断地吸收地中溶有养分的水液。

可是，到了秋天，根、茎、枝等各处“仓库”中，都已堆满了养料，同时，叶也渐渐衰老，做工作也没有从前这股劲道。而且，天气渐冷，根的作用衰退，不能充分从地中吸收水分和溶在水里的养分，因此使叶的机能更不活泼，发育、成长差不多已呈停顿状态。另外，叶面受干燥空气的影响，蒸散作用倒十分起劲，结果，体内的水分渐渐少去，这样继续下去，树木不免枯死。所以到了这时，叶子不单成为无用的废物，而且还要危害树木的生命，树木只好使它凋落了。

关于这点，还有一个旁证可引，杭州西湖中的白堤里西湖和湖滨公园等地方，在夹道的柳树中间，每隔两三株，都已装有一盏电灯。当飒飒的西风把冬天带来时，受不到电灯光照射的叶子，首先落下。而受到电灯光的，要一直残留到大雪纷飞时。所以，常能看到半树只剩铁丝般的细枝，半树还有繁密的绿叶这等特别现象。这不仅柳树，更不限于西湖边，凡人行道上或公园中，站在电灯旁的落叶树，都是这样的。因为电灯光和日光一般，也能使叶子进行光合作用。凡受电灯光照着的叶子，因昼夜不停地营这种作用，机能十分健全，到了冬初，还会起劲工作，自然在可能范围内，总要保留一下。这不仅可作落叶已是无用废物的旁证，更可说明，凡有用的绝不会被淘汰。

至于常绿树能留着绿叶过冬，是因为其已有种种准备：像叶子生得厚硬或细小，表面再被着蜡质或绒毛，使水分不会过量蒸散；增加细胞液的浓度，使冰点降低，不易结冰；等等。因为不属本篇范围，不再详说。

在静寂无风时，树叶也会飘飘落下，那么一定有什么特别的装置。不论哪种落叶树，仔细观察连在枝上的叶柄根部，便见有很细狭的一圈黑痕；若稍稍将叶子碰一下，就从这里折断而落下——这时枝上只留下一个像小刀削过般光滑的瘢痕。我们如果把这部分直剖开来，拿到显微镜下去看，就能知道这圈黑痕原来是由六层乃至八层的木栓层所构成，这叫作离层。树木到将要落叶时，先沿了附着叶柄的境界面，生出一两层柔软的细胞层——内容物比前后的细胞要丰富得多——接着，就向和境界面平行的方向分裂，而在细胞内生成新细胞膜，变成几层小的细胞层。

这等离层小细胞逐渐长成后，已将叶柄和小枝隔开。但这时叶子和母体中间，还有维管束连着，水分仍旧可以吸上。到非让叶子落下不可时，离层前后几层细胞的细胞膜，变成木栓质而阻止水液的流通；贯穿在离层中间的维管束中，产生填充体或胶质，将导管塞定，打断水的通路。于是叶子干枯，受重力的吸引而坠落了。

关于离层前后几层细胞膜的木栓化，也依树木的种类，而有各种方式：（1）辛夷、枫等只有离层内方，和枝部相连的几层细胞化成木栓质；（2）黄栌（野漆树）、七叶树、扇骨木等是离层外方，叶柄部的细胞木栓化；（3）桑、银杏、紫珠等是离层两边的细胞层都木栓化；（4）最特别的是梨、绣球花、女贞等，两侧的细胞膜并不木栓化或木质化，离层一生出就落叶了。

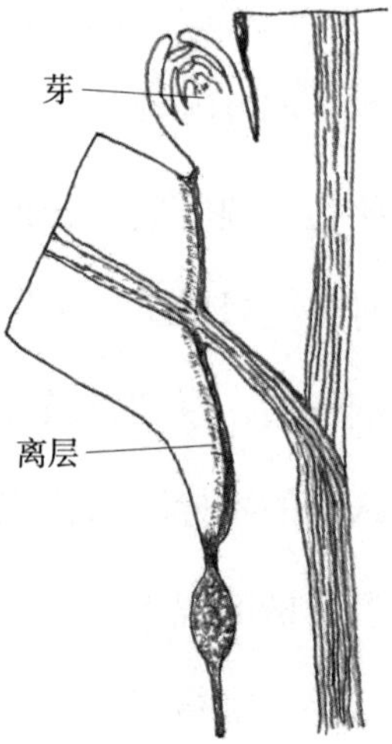

落叶的离层

至于叶落后的痕迹上，总该有一层遮盖物才好，像前面所说的（1）和（3），离层和枝部间已有木栓层，当然可以现成应用；（2）和（4），有的木栓层已跟着叶柄落去，有的本来不生木栓层，若让这部分的细胞裸露，岂不危险？所以叶落去后，和离层相接的叶痕细胞，便会渐渐失去内容物，化作木栓质，造成木栓保护层以保护叶痕，于是表面就像小刀削过般光滑了。后来这些木栓保护层内方的细胞，分裂而成木栓形成层，起劲地制造木栓细胞。结果，木栓保护层的内方，生着厚厚的木栓层，和枝的外侧的木栓层联络，周密地保护叶痕，防御寒冷的侵袭。

叶子的下坠，是由于重力的吸引作用，和使牛顿发现万有引力原理的苹果下落，原则上丝毫无异。有趣的是，各种树木偏有各不相同的落法，像赤杨、山毛榉、楞等，是从枝梢先落起，渐渐轮到近干的叶子，柳树等恰恰相反，是近干的叶子先落，梢头的叶一直留到最后；紫藤或皂荚树等有羽状复叶的，小叶片先脱离中肋而落下，中肋和叶柄要过一时才脱落；葡萄树的落叶法更特别，叶片脱落后叶柄依旧生着，直到新芽萌发时叶柄方才落下，胡桃也是这样。假使我们肯去留意观察，也许能发现多种更特别的落叶法。

铺在地面的落叶，有各种颜色，千变万化，像夏晚云霞般复杂，最普通的要算褐、黄、红色等。变色的原因在《红叶》一文里已经讲过了。

落叶之前，除变色外，叶内还发生了一个大变化：就是平常叶内含有的无机的和有机的各种物质，如蛋白质、糖类以及氮、钾、磷等化合物，已从叶移到枝，从枝到干这般移送过去贮藏着。所以到了后来，叶子里只剩下植物不大需要的氯、钙、硅等化合物。我们在显微镜下看离层时，若将断面涂上碘酒，便见近着叶

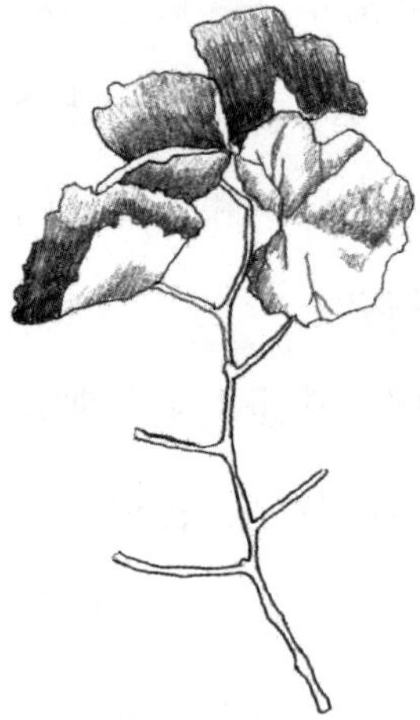

葡萄落叶的叶柄依然留着

胡桃落叶的叶柄也留着

子方面，并无淀粉反应。可证明在落叶之前，已把有用的物质搬完了。

这真叫作废物利用吧！在枝头已毫无用处的叶子，一落到根脚，却大可利用。不仅可厚厚铺成一条地毯，使地中的热不易发散，树根不会受冻，而且含水量很多，可以减少洪水之害。若经过了一年半载，又腐化而成肥料，可让树木吸收去再造新叶，完成自然界中物质的一大循环。这与前人在落花诗中所说的“落红不是无情物，化作春泥更护花”，情形正属相同。

人们看到落叶，往往认作和落发、脱齿一样是衰老的现象，而产生无穷的感慨。其实，对树自己，也同我们睡眠一样，是一生中不知要反复多少回的生理现象，说不上悲哀和喜悦。

十　常绿树

深冬时节，当阴云密布，天色昏蒙的日子，寒冷的北风砭人肌肤，那些落完了叶片的树木，撑着几条疏疏落落的枝丫，一摇一摆地颤抖着，这景象会使人产生悲哀、凄凉的情感，所以古诗人描写冬天的景象说“树木何萧瑟，北风声正悲”。在这时候，看到一枝枝或一丛丛的绿树，如松、柏、冬青、柑橘和竹类等，所引起的情调，与见着落了叶的枯树一定截然不同。绿色本来是希望和愉快的象征，细考究动植物之间的关系，绿叶能够制造有机物作为动物的食料。假如没有绿色的植物，动物就不能生存，所以绿叶实在是生命的源泉，人对绿色感觉到愉快而有希望，是含有物质的因素的。

但是这样的象征意义，对于事物只是一种皮相的观察，我们假如进一步对于落叶树和常绿树一问究竟，问它们为什么一则落叶，一则常绿。那么就对于落叶树也不会觉得可悲，对于常绿树也不会觉得有什么可喜了。冬天天气太冷，植物根部的吸收作用既然差不多完全停止，叶部的蒸散作用如不跟着停止，全体必然因为缺乏水分而死亡。所以多数柔嫩的小草，一遇霜雪随即枯死，只留下种子或地下茎等，待春暖时再萌发，许多生阔大柔薄叶片的树木，也把叶片脱落了，减少水分的蒸散，使能保持生命，待春暖时再来抽叶、开花、结果。只有那些叶片较为细小厚硬，表面被着蜡质或茸毛，可以防止水分过量蒸散的树木，不把叶片脱落，对于生命可以无碍。所以落叶树的脱落叶片和常绿树的保持叶片，都是适应冬季生活的结果，无所谓悲和喜存乎其间的。

有植物体内含有水分，不论落叶树或常绿树，假如体内的水分冻结成冰，组织被破坏，就有死亡的危险。所以它们在冬季不但要防止蒸发，又须使组织内含蓄的水分不致结冰。我们通常用稻草把柑橘的树干包裹起来，便是人工帮助树木防寒的方法。但树木自身也有防寒的方法，它们的方法是把体内所含的淀粉变成糖或脂肪，使细胞液的浓度增加。据萨布隆（Leclere du Sablon）的研究，自秋到冬，树干中淀粉和糖含量的消长，有如下表：

冬季树干中淀粉和糖含量变化

单位：毫克／克

月份	淀粉	砂糖
10	24.2	2.2
11	21.5	3.2
12	19.3	3.7
1	20.7	4.0
2	20.4	4.3

又据菲舍尔（A. Fischer）的研究，树干中淀粉变成脂肪，在德国开始于10月末到11月初，在俄国开始于9月。变化的部分，先起于韧皮部，次及材部；于材部，中心的髓部先变，次及外侧；于树枝中，老的枝条先产生脂肪，依次及于柔嫩的部分。这样变成的脂肪，在树干中贮藏过一个冬天，然后再作营养物质用。

这个淀粉和脂肪的变化，可以人为改变温度使它们互相转变。在一、二月内，剪取树枝，放在17℃的温室中，经过24小时，脂肪就会还原成淀粉。如再移到低温处，淀粉又徐徐变为脂肪。切取相当厚的树枝薄片，于温室内放在显微镜下观察，就可以目击这个淀粉和脂肪交互变化的过程。

叶片比枝干更容易受寒而结冰，所以冬季常绿叶的细胞液总掺入糖和脂肪，使它的浓度明显增加。据沃尔特（H. Walter）对于紫杉和黄杨的考察，冬季细胞液渗透压的增高如下表：

紫杉和黄杨冬季细胞液渗透压变化

单位：千帕

树种	日期	气压
紫杉	12月28日	18.2
	1月29日	37.0
	2月19日	50.0
黄杨	12月	34.0
	1月	50.0
	2月初旬	51.0
	2月下旬	72.0

常绿树之所以能带着叶片过冬，细胞液渗透压的增高是一个重要原因。不然，叶不脱去，即使能防止水量过分蒸发，终不能免却因为严寒侵袭而冻死的危险。

十一　冬芽

落叶满地，暖烘烘的太阳已可透过稀疏的树梢，照到屋子里来了。在这时候，即使在墙角或篱边，还有红得同珊瑚一般的天竹子，但总减不了我们对于大自然所起的那种寂寞、萧条的感觉。不错，曾经开过春花，曾经缀过秋叶的丫枝，已光秃得同枯柴一般，这不是死亡、绝灭的象征吗？可是，你如果向枝上仔细一看便知道，那些树木不但没有死去，而且还在做来年发展的准备呢！

不论哪种落叶树，试攀下一根枝条来看，便见每枝落叶瘢痕的梢上地方，都长着一粒褐色的细芽，梢顶还有一粒更大的芽。长在叶痕上方的芽，当叶未落时，恰在叶腋，所以叫作腋芽；生在小枝尖端的，叫作顶芽。

不论顶芽和腋芽，都须分别担任芽的两大工作：有的为目前的繁荣着想，吸收养分，使树木能够充分发达；有的为将来的繁荣努力，开花结子，传播各地，使自己的种族能够尽量繁殖。担任第一种工作的芽，发育后生成叶片；担任第二种工作的，或单

七叶树的冬芽

开花，或花和叶一起出来。单放叶的叫叶芽，单开花的叫花芽，普通又叫作蕾；花叶夹杂的叫作混芽。照一般说来，叶芽细长而尖，花芽膨大而圆，所以看了冬芽的形态，大致可以推定来年花朵的稀密。

负着这般重大使命的冬芽，须耐受霜打和雪压。可是它的本身却非常柔弱——细胞里面充满水分很多的原形质，细胞膜又极薄，是植物体内最弱的细胞。若不用什么东西将它好好地包裹起来，那么，不单冷风一吹要冻死，就是暖和的太阳一晒，也会因水分蒸散完而枯死。所以冬芽除嫩叶本身有毛密生着的，都穿上一件大衣似的东西。

最普通的“大衣”，是像笋壳般重叠包裹着的几片褐色、光滑、细小的鳞状物，叫作鳞片。试采一枚桃芽，将鳞片剥下来看，便知道它质坚而厚，又是互相密切地贴合着的。所以，不仅里面的水分不会蒸散，外面的水分不能浸入，而且也不易受冷。鳞片的表面，还有一层角质盖着，光滑得同刷了油漆一般，即使洒着雨露，也立刻滴下，芽上毫不潮湿，所以无论怎样寒冷，绝不会被冰所包裹。

因植物种类不同，冬芽也穿着各式各样的“大衣”。像七叶树的鳞片上，涂着胶质，除防水，还可把来吃芽的虫活活捉住；河柳的冬芽，用软软的淡灰色的厚毛皮包裹着，看上去像一只猫，日本人因此又把它叫作猫柳——起初这上面还有一层薄皮罩着，恰像大衣外面再罩一件雨衣。春天近来，这层薄皮先脱下，小猫一般的芽就会钻出来。木兰的冬芽鳞片上，密生着柔毛，恰像裹着绒布御寒一般。

小得仿佛芝麻的芽里，究竟藏着些什么东西呢？如其切开来一看，真要叫你吃惊。这些芽里，简单的只一张叶片或一朵花，复杂的或藏着一根连着许多叶片的枝条，或是一群花，甚至有多到 100 朵以上的，而且各部俱全，并无半点伤痕或破损。若把芽的各部分一一剥下来，把原来的顺序搅乱一下，恐怕谁也没有将它复原的本领吧！

这样小的地方，要藏放这许多东西，自然要用最经济的排列

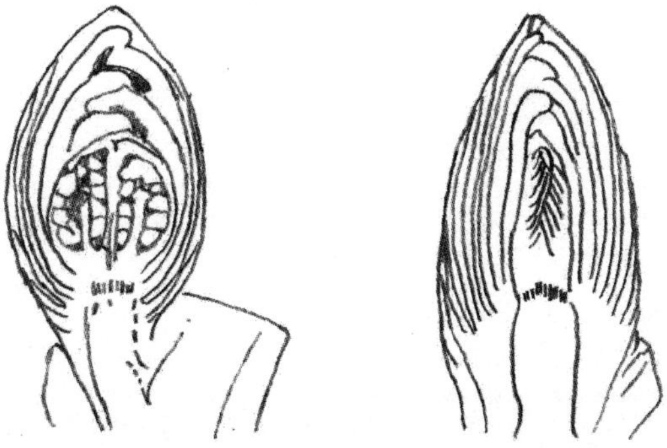

芽的纵剖面

法才行。例如叶芽，一般总是叶片在芽里先包成小小的圆锥形，再向一方或两方扭绕而成螺旋形，再或横或直对折而成小球。若是单张叶片的，有的像折扇般叠着，有的像布匹般卷着。可是，它的包法、扭法、折法、摺法、卷法，各种植物又都有一定规则，绝不会错乱。

把将来要长成一根丫枝的叶芽直切开，便见中央有一根轴，两侧有许多可成叶片的东西，密密地重叠着。若再用放大镜来仔细观察，在许多重叠着的叶片的腋间，还可看到一粒一粒的小芽。这到了来春，可伸长而成一根分枝。可见植物不单把来年可展成新枝的材料藏在冬芽里，连可成分枝的也一起准备好了。自然的妙计真叫人惊叹！

十二　花的由来

真是“春到万花齐放”啊！田头陇亩间，深红、浅紫、浓黄、淡白的花朵，一簇簇，一区区，密密丛生，各自争艳斗丽。乡下的孩子们，看得高兴，拍手踏足高唱：“油菜开花像黄金，蚕豆开花黑良心，荠菜开花白似银，小麦开花一蓬青。”

在我们欣赏鲜花的时候，若能够知道花朵开放的经过，一定更加有趣！这等于欣赏名画时，须得明白作者个性和创作时的环境一样。所以，我要趁这万花争艳的阳春，来讲一讲花的由来。

芍药的叶愈近顶梢愈简单

我们不必去找寻什么珍卉奇花，就拿普通的芍药花作研究对象吧！芍药从茎的基部起，直到着花处，叶的形状有好多变化。基部附近的叶，有三种样子：下部是由 11 片或 9 片小叶合成的复叶；上部是 3 片小叶合成的复叶；在这两种叶子的中间，还有些由 5 片或 7 片小叶合成的复叶。这种变化经过，恰恰和前次讲过的石檀相反，叶形越近顶梢越简单，后来变成一张单叶，和原来的 1 片小叶一样。由此小叶再逐渐变形，这短短的叶的基部，展成鳞片，叶身会消瘦下去，变成附在鳞片尖端的小小的绿色舌状物，于是再变成鳞片尖端凹陷处的毛状物，最终完全消失，而只剩一片尖端略带红色的黄绿鳞片，这就是萼片。

从叶片逐渐变成萼片的经过，能够这样清楚地摆在我们眼前，真是最有趣的事。这和我们研究过的枫树芽中的鳞片，在目的和起源上完全一样：都是由叶基部发达而成的，不过一方要保护芽

从芍药花上看出由鳞叶变鳞片、鳞片变花瓣的经过

从睡莲花上看出由雄蕊变成花瓣的经过

的柔软部分，一方要保护花的内部而已，此外能够证明萼是叶的变形物的事实颇多，蔷薇的嫩枝上，也可找到同样的证据。

萼片的里面是花瓣。我们看了芍药萼片的带红色，以及花瓣上部的凹陷和萼片相似，就可悟到两者的关系。若再去看一看山茶花，它是从坚硬的萼片，到白色或红色的花瓣，完全是逐渐变化而来的，哪里是萼片的终点，哪里是花瓣的起点，完全分不清楚。此外，我国还有一种绿月季，花瓣也同萼片一般，呈现浓绿色。所以花瓣是变形的萼片，也就是变形的叶。

花瓣的里面是雄蕊，通常总是在一根细细的花丝顶上，着生两粒黄色的药囊。我们且把在河边、池面浮着大大的圆叶和优雅白色的睡莲花采一朵来，将各部分一一分离，从最外部白色的花瓣起，到最近花心的雄蕊止，挨次排列起来看，便可找到其中有一片虽是正式的白色花瓣，而尖端有两点黄斑；这两点黄斑，又跟花瓣基部的逐渐狭小而大起来，一到它变成了两只长方形的袋

重瓣樱花雌蕊还原变叶

子时，花瓣基部已成狭狭的柄，最后成为完全的雄蕊。雄蕊是变形的花瓣。园艺家常反用这种特性，使雄蕊还原，变成花瓣，而造成重瓣花。

我们再研究进去，达到在花中心部的雌蕊。重瓣樱花的子房，有时变成一张或两张小叶。重瓣的凤仙花，也有这等情形。我们再拿蚕豆的果实来看，更可明白，雌蕊是一张叶缘向内侧弯曲、互相黏合、中留空隙的叶片。所以雌蕊是一张或多张的叶转化而成的。

雌蕊有时还会变成雄蕊或花瓣，像柳花里就可看到由雌蕊变成的雄蕊。重瓣的芍药花中心，常常可看到鲜红色的花瓣边上，生着白色胚珠，这胚珠就是雌蕊的遗留物。

从蔷薇嫩芽伸展的一条花枝

我们虽然已经研究到花的中心，但还留着一个“胚珠是什么”的疑问。如其拿一朵雌蕊已变成绿叶的花来，必定可在叶边找到胚珠。叶边通常总是着生小叶或立刻可变叶的芽，所以胚珠和形成胚珠的部分，无非是小叶变成的。因此花的一切部分，都是变形的叶片。

有时花的中心会伸出一条披着绿叶的小枝来，若切下扦插，偶尔也有生根的。这又是一个说明花朵无非是缩短枝条的有力旁证。

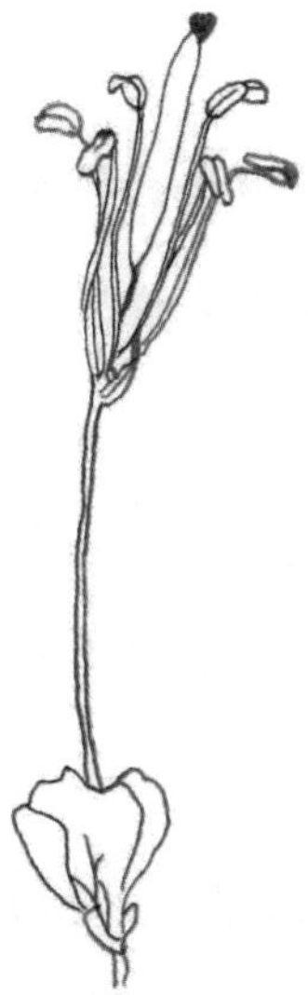

还留着茎形的白花菜

十三　花和昆虫

吹得枯枝呼呼作响的西北风，逐渐衰歇后，园中又见绯桃素李，互斗芳妍；寂寞的荒山上，也散布着红色的杜鹃花，特别醒目，而紫云英和油菜花，也红红黄黄，把陇亩铺成锦绣一般。路旁径畔，除楚楚可怜的紫花地丁，还有鲜明的蒲公英，在含笑迎人，大地上已充满了艳艳春色。许多与花有关系的昆虫，也在这时起劲地活动了。

花粉要粘到柱头上才会结果，虽在公元前三百年前已经知道。但花的美色和芳香，一般总以为只是供我们赏玩罢了。花是招引昆虫来帮助它工作用的，这是一七九三年德国施普伦格尔（Sprengel）说出来的。

由昆虫传递花粉的花，各有特别的形状和色彩。所以昆虫虽相隔颇远也能看到。昆虫的眼和我们的眼不同，照理我们看来鲜艳悦目的颜色，未必能惹昆虫的眼，但学者们从种种实验知道，美丽的颜色在昆虫也颇惹眼。

花瓣能够惹眼，除美丽的色彩，还有别种原因。试用显微镜去观察种种花瓣，上面全是整整齐齐地排列着的美丽的玻璃球，把光线强烈地反射着，所以花瓣看起来很有光泽。花瓣上的这种光泽，要油画才画得出，水彩画不能把它充分表现出来。

前面讲过的这位施普伦格尔说："各种昆虫喜欢的花色，各不相同。例如，蜜蜂喜欢的花色是青、紫、鲜红、淡紫和淡的青紫——尤其是最后的淡的青紫最喜欢。此外像深红、橙、黄等，都不大惹蜜蜂的眼（我国的蜜蜂，惯会到黄金般的油菜花中采蜜，也许是被芳香所引）。可是，蝶和熊蜂等，倒非常爱这种深红色。"关于昆虫和香的关系，德国植物学者克纳（Kerner）曾经做过这样的实验：从离开金银花 50 丈处，把一只蛾放了，这蛾便像箭一般一直向这花的一面飞来。可见花还用芳香来引诱昆虫。

关于花色和芳香对昆虫的引诱力，1929 年威尔逊（Wilson）曾做过这样的实验：苹果花的花瓣取去后，虽蜜蜂、扁虻、花蜂仍旧飞到这花上来，但圆花蜂不再飞来，若放一朵人造假花，圆花蜂飞来而蜜蜂不来，若再加上花蜜，蜜蜂也飞来了。可见花色适于引诱视力发达的圆花蜂等，而芳香适于引诱嗅觉发达的蜜蜂等。

昆虫引到了，若不吸蜜，还不能达到传花粉的目的，所以这些花里，总有一处在分泌蜜汁。不过像罂粟、蔷薇、芍药、黄杨、玉兰等花，差不多不分泌蜜汁，而有许多花粉，这叫作花粉花。当蜜蜂、虻、金龟子等来吃花粉，或为了孩子们的食饵而来采取

花粉花

粮食时，传递花粉的工作也同时完成了。

大家总以为虫媒花都有美色芳香的，其实并非如此。有一种土蜘草[①]，花的颜色完全同腐肉一般，而且有刺鼻的腐臭。有一次某画家替它写生，因为臭不可当，特地用一个玻璃罩子罩着。后来因为要察看它真正的颜色，不得不把罩子除去，但实在臭得可以，不到两秒钟只好重又罩上。这花上，有一种常聚集肉上的蝇，成群飞来产卵，就在这时替它传带花粉。

全世界最大的花，也是同样散发恶臭，名字叫作大王花（*Rafflesia arnoldii* R.Br.），是南洋苏门答腊岛森林中难得遇到的奇

① 可能是夹竹桃科犀角类多肉植物。

花。中央装蜜和雄蕊的杯状部，直径有 1 尺光景，五张花瓣都有直径 1 尺 2 寸这么大，所以全朵花的直径竟有三四尺光景。叫作花瓣，总以为是薄薄的，但是它薄的地方有 3 分，厚的地方有 7 分，是这样的庞然巨物，所以重到十四五斤。这花不光是臭，颜色也同腐肉般浊黄，全体还有淡紫的斑点。从发蕾到充分开放，要经过 1 个月光景；开后，过一两天就腐败了。这花无叶无根，用短短的茎，寄生在着地蔓延的葡萄科植物的蔓上。花上逐臭的飞蝇群集，替它将花粉从雄蕊传到雌蕊。

再把这些虫媒花的花粉，用显微镜去看时，就会看到上面生

世界最大的花

满了刺，有的还用丝互相链接着，这无非使它容易附在昆虫身上。而且柱头上常是黏黏的，可以把蜜蜂带来的花粉粘住。同时，不论哪种花的构造，都是适于花粉能够很便当地附在来访的昆虫身上和粘在别花的柱头。

我们且把蜜蜂飞到蚕豆花上来的情形，看一看吧！蜜蜂踏上那合掌般的有黑纹的花瓣，而把嘴向花里伸进去时，下面花瓣的尖端，就从这合掌般的花瓣间出来。接着，柱头也露出来，而蜂尾端带来的花粉，就粘在上面了。同时，几个药恰像从锡管中挤出颜料来一般，便把花粉露了出来，将它附在蜂尾上。

小檗[①]（*Berberis thunbergii* DC.）的花，雄蕊能起奇妙的运动，昆虫略略去一碰，立刻翘起，将花粉涂在虫身上。加鲁米耶的花，也是同样构造，平常雄蕊贴在子房上，药躲在盘形的萼的角落里，蜜蜂飞来，一碰到雄蕊的柄，便会“嗒”地翘起，将花粉涂在它的身上。

唇形花也是一种传播花粉很方便的构造。当昆虫踏在唇瓣上而把头伸进去时，丁字形雄蕊的下端被它的头顶推进，上端便敲着虫的背部，将花粉涂上（这时同花的雌蕊未成熟，躲在里面，所以不会受粉）。当这蜂飞到雌蕊已经成熟而下垂着的其他花上，背上的花粉就粘在柱头上了。

---

① 今名日本小檗。

马兜铃（*Aristolochia debilis* Sieh. et Zuec）这类植物的花，雄蕊和雌蕊在瓶状花的底上，而且雌蕊比雄蕊早两三日成熟，瓶颈里面有毛生着。因为当雌蕊成熟时，瓶的内面分泌甘蜜，蚊嗅到蜜香，就爬进来吃蜜。它到了花里，这边吃些，那边尝些，肚子吃得饱饱，休息一会儿，便想出去。不料爬到瓶颈，那处的毛是向下生的，进来容易出去难。于是，蚊心慌意乱，在瓶中东奔西走地找寻逃路。当然，柱头上也爬到的，这时蚊身上带着的别花的花粉便把它粘上。柱头得到花粉后，再过了几小时，就会萎缩了。蚊虽一直在里面东奔西跑，终究无法出去，一天过去了，两天过去了，到第三天花药开放，花粉出来，附着蚊身上，于是才放它出去。为什么呢？因为这时瓶颈里面的毛，已完全萎缩，蚊

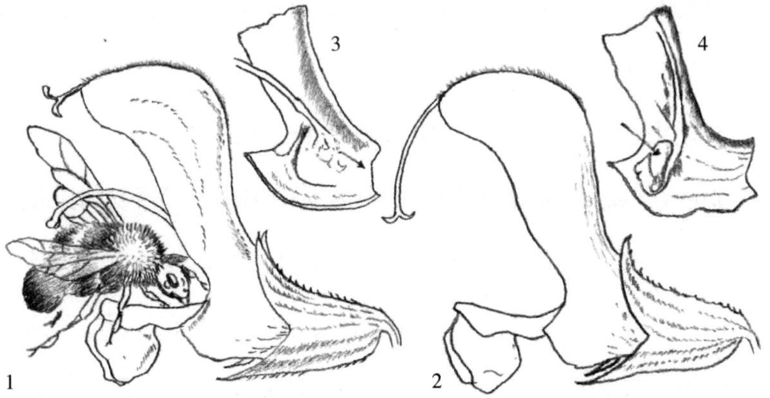

花的授粉

1. 土蜂向花内采蜜，花粉囊触着它的背部 2. 花开较久，花柱伸长，柱头触着蜂的背部，粘住花粉 3，4. 土蜂舌伸入花内，因受阻碍，使花震动

花和叶

雄蕊未成熟时花的剖面

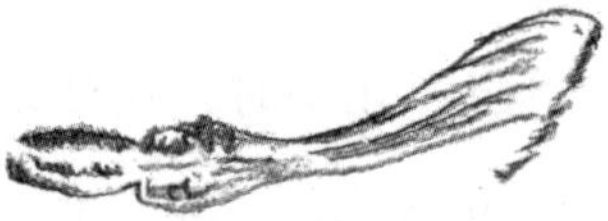

雄蕊成熟时花的剖面

马兜铃

可以通过了。若是我们人类的话，一次误入这种陷阱后，就牢牢记在心头，再也不会进去。但蚊立刻忘却，又被蜜引诱而爬进别朵马兜铃花。它是这样在一朵朵花间传播花粉的。

某种兰类，花里面有水积着，先使虫跌入浴盆里，当它湿淋淋地爬起时，必定会碰到花粉和柱头，例如萝藦（*Metaplexis japonica* Makino）、錾菜（*Leonurus macranthus* Maxim）等的花中有一条沟，当虫脚陷入，想拔出而乱抓时，花粉的块就带在脚上。这些更是用泼辣手段，要虫强行带走花粉的特别构造。

亨斯洛（Henslow）在他所著的《花的构造》（*The origin of floral structures through insect and other agencies*）中说："植物因昆虫常常到花里来的结果，受了昆虫的重量、压力、刺戳等刺激而起适应作用，所以产生千差万别的花色和花形，放散各样的芳香。"这样说来，昆虫不仅和植物的繁殖有关，简直还是花进化的原动力呢！

十四　花的睡眠

“只恐夜深花睡去，故烧高烛照红妆。”这是苏东坡咏海棠的诗句，海棠花并不会因夜深而睡去，只因东坡先生要表现它的娇艳，所以用拟人的手法来描写。其实，你若肯向花坛间或草原上留意观察的话，便知道花朵的确有合下眼皮，或垂下头打瞌睡的。

绿色的草原上，像点点繁星般散列着的蒲公英，是一种要睡的花。平常虽午前 7 点钟开，午后 5 点钟闭，好像是一个早起早眠的卫生家，可是到了阴雨之日，它就躲在被窝里，不肯醒来。

叶形似柳，开小黄花，生在山地上，算是蒲公英的堂房小弟弟的柳叶蒲公英，比它哥哥还要贪睡，早上 8 点钟开，一到下午 3 点钟光景，就合眼睡觉。也许是年幼的孩子，该多睡几小时的缘故吧！

从西洋传到我国来的婆罗门参的花，是午前 4 点钟开，午后 2 点钟闭的。听说英国有些地方的农家孩子们，有看到这花闭合就回家吃午饭去的习惯。

此外，还有些昼睡夜醒，和枭鸟一般的花，像黄花南芥菜、月见草、蒲芦和一种海边野生瞿麦等，都是。

花的睡眠，因为各有一定时刻，不会错误，所以18世纪的大植物学家林奈（Linne），把按时开闭的花排列起来，由它们的开闭来定时刻，叫作“鲜花表”。据他自己说，虽因外界的状态（温热及日光的强弱）略有差异，但实际上是可以应用的。

这种“鲜花表”，固然比我国的铜壶滴漏、英国的刻烛定时更富有诗意，只可惜一年中用不到几天。

动物们整天为了求偶和觅食而忙忙碌碌，一到晚上，自然该用睡眠来消除疲劳；而不劳不动的花朵居然也要按时入睡，未免有些奇怪。

但凡靠风运送花粉的花，没有一种需要睡眠的。那么，花的睡眠，大概和运送花粉的昆虫之间，有某种密切的关系吧！领会了这一原则，再去仔细观察，当嗡嗡飞集的昆虫由稀少而到绝迹时，花就开始睡眠。所以只要昆虫不来，即使在白天也早早睡着了。飞来的昆虫种类，大概各花不同；而各种昆虫，又各有一定的采花时刻。因此，花的睡眠时刻，也就各异。

夜里开的花，自然是夜里飞出来活动的昆虫的好朋友。在黑暗之中，装点着美丽鲜艳颜色的花瓣，真是“衣锦夜行，谁知之者”？植物绝没有这样笨，因红色、紫色等反不如黄白色来得醒目，所以夜里开的花，也是黄白色的居多。

靠飞蛾等运送花粉的花，白天用不着开，靠蜂、蝶等运送花粉的花，夜里也用不着开，若在不需要开的时候依旧张开着，那么宝贵的花粉将会白白地给毫无作用的昆虫偷吃。花的睡眠，虽然不像动物那样有消除疲劳的作用，但也许是一种护身的方法吧！只需看当雨打风吹的时节，多合着花瓣睡觉，就可明白。因为这时昆虫既不会冒雨飞来，又怕花粉、花蜜给雨冲去。

植物没有什么神经，怎么花瓣也知开闭呢？原来一切花瓣的基脚附近（叫生长部），在起劲地分裂细胞，或将细胞膜延伸，使花冠的面积扩大。普通的花，不论外界的状况怎样，花冠内侧层，常比外侧层生长得更旺盛，因此花冠就向外翻转，而花朵就开放了。一朝开放之后，不会再闭。可是，有些花却有一种特性，花冠侧层的生长速度，是依着外界状况而变化的。

例如番红花等早春开放的花，对于温度变化的感应非常敏锐，温度上升时，花冠内侧层的生长比外侧层更迅速，结果开花了；到温度降低时，反而外侧层的生长旺盛，花便闭合。这种花，若去仔细观察，一天之中，睡了醒，醒了睡，要反复好多回，全是由温度的变化而来的。

蒲公英和多数菊科植物的花以及荷花等，都是依着日光照射的程度而开闭的。因为日光有使其生长迟缓的作用。闭合着的蒲公英，受到初阳照射时，外侧层的生长迟缓下去，被内侧层赶过，就慢慢展开了。展成水平后，内侧层向上，受着日光，生长重新迟缓下去；外侧层躲在阴面，生长迅速。一到傍晚，已赶过了内侧层，花就不由自主地闭合。所以我们若把它们从日光中移到阴处，也同样会闭合，仿佛吃了催眠药水一般。

花的睡醒，或是因温度的变化，或是受日光的支配，或是受双方共同的作用，而且感受的程度，又因种类而各异，所以变成各有各的睡醒时刻，可作钟表用了。

有几种植物的花一到夜间，像老人打瞌睡般，把头垂了下来，第二天早晨重新竖起，像胡萝卜等伞形科的植物便是这样。这有防止昼间受得的温度到夜间发散的效力，而且也只在花丛中幼嫩的花有这种情形，一到各花成熟，果实结下，就不再垂头了。

若问各种靠风运送花粉的花，为什么没有一种需要睡眠的呢？因为风和昆虫不同，它的吹拂是不定时刻的，而且这种花里

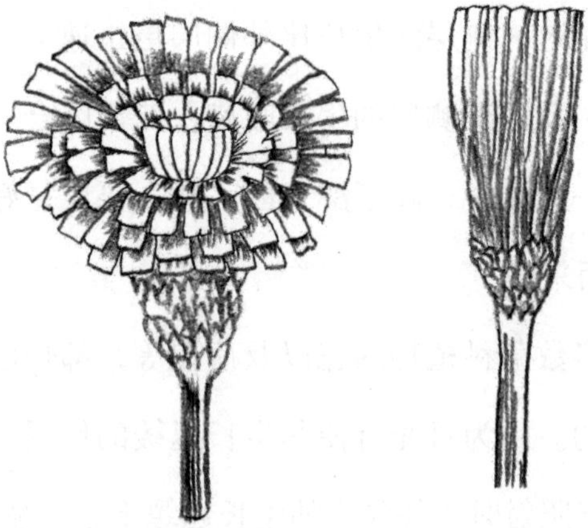

在日光中开放　　在阴暗中闭合

蒲公英花的开闭

面又没有甜蜜，不怕虫来偷吃，便无须闭合。

就是靠虫运送花粉的，也是有许多并不合眼睡觉。这是因为，或是花的寿命短，朝开夕谢；或是构造结实；或是花粉很多，即使稍受损失，也满不在乎；或是形状细小，有叶和苞保护着已够了。这种花，当然没有再加护身设备的必要，因此就不眠了。

“哪种花是睡眠的？”“在什么时候睡眠？”“怎样睡法？”我们带了这三个问题到自然界中实际去研究的话，一定能发现比上面所讲更有趣的许多事实。

十五　种子的由来

参天拔地的大树和如火如荼的繁花，都是从一粒种子产生的。细小得引不起人们注意的东西，居然包含这般伟大的生命力，仔细想来真和魔术师将黑布在地上一盖，就有一对洁白的鸽子拍着翅膀飞出来，同样稀奇。因此，我们来研究产生种子的经过，也是一件有趣的事。

简单说来：只需雄蕊上的花粉粘到雌蕊柱头上，经过受精作用，子房中的胚珠就发育而成种子。其实这中间还有许多奇妙的变化。

我们先需研究，在造成种子的过程中，雄蕊做了些什么？完全的雄蕊，都有相当发达的一根花丝，上端斜斜地生着一只囊，这叫作药。药的构造，各种植物大同小异，主要部分是几个藏着花粉的囊，这叫作花粉囊。

花粉囊是由一群花药的表皮组织下面的细胞产生的。最初，在花药表皮下面的一个或几个细胞开始分裂，产生了原形质特别

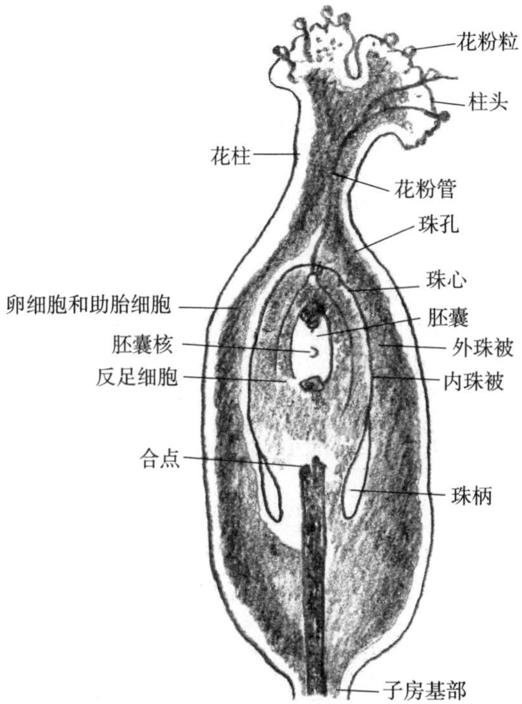

子房的构造

丰富的细胞群。这细胞叫作孢原细胞（archesporial cell）。再经过几回反复分裂，就成为孢子母细胞，即花粉母细胞（pollen mother cell），此后便产生花粉。形成花粉的细胞群周围，组织分化便成为花粉囊的壁层。

花粉普通是有两层膜的一粒球形细胞。内层膜很薄，构造简单，外层比较厚，构造复杂。虫媒花多有种种凸起和花纹，以便附着在动物身上（像洋牡丹和百合的花粉上，生着襞褶；黄瓜的花粉有异状凸起；栊牛儿苗是有孔的；葵花是有刺的）。水生植物中靠水运送的花粉多无外层被膜，风媒花的花粉，多干燥轻小，表面光滑，松等植物还长着两个风袋。

雌蕊，最简单而又最规则的形态，恰像一个酒瓶。子房内含着胚珠，胚珠的数目，有只一个的，也有五六个的，更有像罂粟花这样含着许多胚珠的。细长的部分（即花柱），有的有空心的管子贯串着；有的组织疏松，呈海绵状。这无非使花粉管容易通过。花柱的顶端是柱头，生着一层细毛，能分泌黏性的液汁。

再把藏在子房里的胚珠直剖开来，便能看到这样的构造：中心是柔软组织的珠心，由两层膜包着，这叫内珠皮和外珠皮，在上端或下端有孔，直通珠心，叫作珠孔。大多数植物受精时，花粉管是从这里进去的，而且后来到胚珠变成种子而发芽时，幼根也是从这孔伸出来的。近孔处的珠心中，还可看到一粒极大的细胞，这叫胚囊。

胚囊中的核，通常反复分裂 3 回，变成 8 核。其中 3 核，在珠孔附近，形成 3 个小细胞，叫作卵器；还有 3 核，集在别端，叫作反足细胞；剩下的 2 核，集中在中央，叫作中央核或极核。卵器中只有在下方的 1 个细胞，将来可以形成胚，叫作卵细胞，其余两个叫作助胎细胞。

大家都知道，大多数植物的受精，先须花粉附在柱头上。但是，柱头和子房还隔着长长的一段距离，花粉是怎样到达那里的

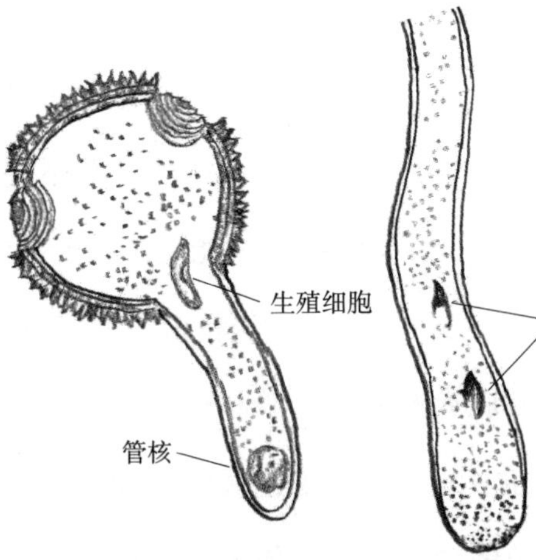

花粉管初抽出时　　已抽长后

花粉抽生花粉管之状

呢？这是曾由植物学者长期专心研究过的问题。当初产生了几种推测：有些人以为是花粉陷下去而到子房的；也有疑心是花粉在柱头崩坏，放出可达到子房的内容物；竟连推想花粉发生某种物质，能隔着一段距离起作用的人也有。直到靠了显微镜的帮助，解决了这问题之后，才知道这些假定都是不正确的。

花粉碰到雌蕊的柱头或适当的液体（例如麦芽糖溶液），就开始抽芽，内膜穿过外膜，呈管状地延长。这时，如其是被子植物的话，花粉内的一个核已分裂成管核和生殖细胞。管核移入花粉管内，生殖细胞又分成两个精核，也跟着原形质而流入。裸子植物花粉内的变化情形，还要复杂些。

在柱头上生长的花粉管，达到相当长度后，尖端部分便钻入柱头的组织内，贯穿花柱而前进，有时须经过颇长的距离（像仙人掌的花柱达几英寸长），最后达到胚珠的珠孔。在黑暗中摸索前进的花粉管，怎么尖端恰巧会钻进珠孔呢？这总不能说是偶然吧！这是因为胚珠里面有一种化学物质，能使花粉管起屈化现象，自动地达到珠孔，再到胚囊，完成了运送精核的大使命。

当花粉管尖端碰到胚囊的时候，管核已早早消失，其中 1 个精核，就从柔软而已经溶解的管端走进胚囊，和卵细胞结合，而成 1 个受精卵。于是周围会生起纤维质的细胞质，一而再，再而三地继续分裂，形成多细胞体，这就是胚。此外两个助胎细胞，跟着胚的发育增大，而逐渐萎缩消失。至于还留在花粉管中的另一精核，其实也被送进胚囊内了。它慢慢地向中心移动。那边原有的两个中央核，已合并而成一个第二中央核，再和精核合并，变成一个由 3 个核合成的核。再旺盛地分裂成许多的核，后来各核间又生细胞膜，形成胚乳组织。这时，胚拖着一条尾巴般的胚柄，渐渐地向中心移动，而被胚乳裹定，一同在胚囊内发育长大，成为一个种子。反足细胞则已在胚乳组织逐渐发育而消失了，从花粉管送来的两粒精核，一粒和卵细胞结合，一粒和中央核结合，在一个胚囊里起两种受精现象，是生物界中值得注意的事实。因此植物学家特地将它取名为重复受精[①]。至于裸子植物的胚乳，是

① 今名双受精。

由胚囊形成的。

胚乳原是供胚消耗的营养物。有些植物应用以后，便把余剩的在自身的一部分（子叶）中贮藏起来，这叫无胚乳种子，像蚕豆、落花生、栗等都是。有些植物把剩余的养分，全部贮藏在胚乳内，所以胚的形体比较小，这叫有胚乳种子，像稻、麦等就是。

小小的一粒种子，要用如此繁复的过程来形成，也许不容易使诸位相信。其实生物界中，不论哪一部的器官构造，哪一种生活现象的经过，如其能仔细去观察研究，可以知道都不是简单的。

十六　果实和种子

到了秋天，水果店里真有点像样，五颜六色的面孔都在那里引诱人们。这种水果，诸位吃过见过，没有什么稀奇，所以我若问一句："果实是什么？"也许有几位可立刻回答："果实是草木上生的，可以吃的东西。"其实应该说"果实是成熟的子房"才对，理由呢，看下去会明白。

花粉由种种方法附在柱头上后，就伸出一根名叫花粉管的细管，钻进雌蕊里，直达子房。子房里面，有被称为"胚珠"的一个袋子，包裹着卵细胞。花粉管从胚珠的小孔进去后，花粉里的精核，沿着花粉管滚进去，和卵细胞合并，渐渐大起来而成胚。胚连着胚珠的皮，是种子；种子连着以前包胚珠的子房皮，就是果实。像豌豆、橘子等有许多种子的，子房内的胚珠也有这些数目，而且每颗都各有花粉管钻进去过。

果实虽都是这样生成的，但生成后的水果的形状、颜色却各种各样，里面还有几种很特别的。

水蜜桃、蟠桃等的硬核，有些人错认作是由胚珠变成的种子。其实，种子还躲在这两块硬片的里面，那么这核是什么？是子房最里面的一层皮变成的。我们知道，萼、花瓣、雌蕊、子房都是叶一般的东西变成的。且看梧桐已裂开的果实吧，它的子房皮好像调羹，不是和叶相同的吗？所以子房的皮，也是由三层合成。我们吃桃子时剥去的皮，是和叶反面的表皮相当的外果皮；吃的肉是和叶肉相当的中果皮；而这坚硬的核，是和上面的表皮相当的内果皮。

种子躲在这样坚硬的核里，出芽时不是要感到困难吗？不但毫无困难，而且必须如此才行。因为躲在这样的坚壳内，那么动物吃了果实，将它吐出时，不论落地和石头相撞咧，还是被牛马这般重的兽类践踏咧，都可以毫不在意。鸟类吞下食物时，要先在满藏瓷器破片和小石的砂囊中研碎，再送到胃囊中，这是大家都知道的。和果实一起吞下去的种子，如果是柔软的话，那么到了那里就被完全消化了。

虽是这样坚硬，到种子出芽时，核便会自然地裂开。南洋产的椰子，核非常坚硬，简直和铁一般，但出芽时，从胚乳分泌一种能够溶解硬壳的液汁，开一个洞，让芽钻出去。我们吃的胡桃肉，也是躲在果实核中的种子哩！

桃、梅、李、樱桃等蔷薇科植物，种子都躲在核内。此外的水果，普通叫作“子”的，其实都未必是种子。

我们且把葡萄来查查看，子房的三层皮，分得清楚吗？这是

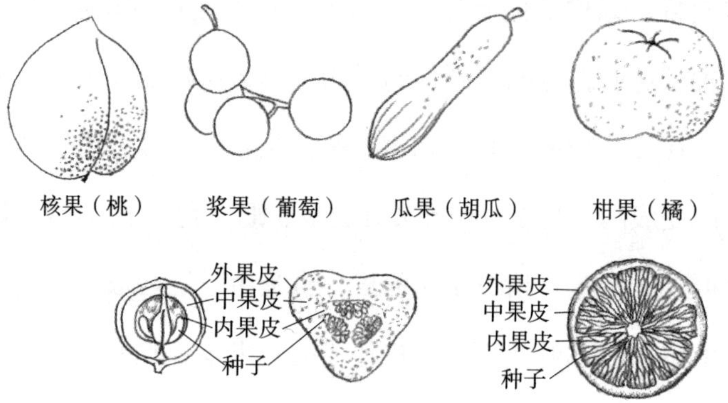

肉质果的种类

除外果皮外，都变成果肉了。但吃的时候，有裹着种子、比较韧的一块，这就是和核相当的内果皮。

至于那美丽的苹果却颇特别，我们剥去皮而吃的，不是果皮，这是把子房嵌在里面的花托肥长而成的。子房就是丢掉的心。梨也是同样。这等类果实中，子房的皮分不清楚。柿子，我们吃的是中果皮，包着种子，闪闪有光处是内果皮，看得很清楚。

橘子和文旦[①]生得更复杂。剥去的皮，是由中、外果皮合成的。从它的切口来看，外果皮上有像渗过油的颗粒排列着。实际，这是藏着油的腺体，皮面上布满这些腺体的开口，剥橘子、文旦时，常有雾一般的东西出来，散发芳香，就是这种油，有引诱动物的作用。

① 即柚子。

每裥橘子、文旦上的囊，全体是内果皮。若从裥腹扯开来看，有许多充满了浆汁纺锤状的细长丝缕，生在裥背的内侧，这是内果皮里面的细毛，就是我们吃的。

以上所讲的都是肉质果，此外还有干果。干果里面，有一熟便会自己裂开来的，像前面讲过的梧桐的果实等便是。可是像梧桐这般裂开的果实，能带着种子而飞去的却很少；大部分是果实一裂开，种子便从里面飞出，像牵牛花、豆等都是这样。

果实不会裂开的，是栗、槭、蒲公英等。栗用洋绒似的涩皮包着的是种子；果皮是古铜色的硬壳；栗球是包在花脚的总苞变成的。槭果的翅，是果皮向一方延伸而成的。蒲公英等果皮极薄，究竟有没有，还不清楚。米和麦，种皮和果皮合成一片了。

植物生果实的目的，原在传种，但竟有许多无种子的果实，诸位能够说出它的名字来吗？

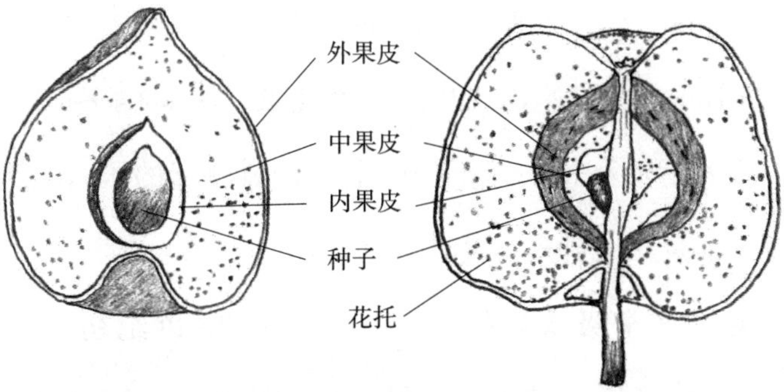

桃子和苹果构造的比较

十七　种子发芽时的理化学作用

“野火烧不尽，春风吹又生”，老衲般的冬山，一到阳春，枯黄的脸上又添了一抹淡淡的石绿；田边畦畔，更可看到伸着两只丫角似的子叶的秧苗在临风跳舞。一粒干燥的、细小的种子，要长成一株幼苗，这中间实在有许多微妙的作用。

种子在干燥状态下绝不会发芽。要发芽，必须先吸收一定量的水分。种子的吸水，差不多全是物理现象，主要的是：水向构成种子的各种物质的分子间浸入的“分子间浸润现象”（Molekulare Imbibition），以及细胞间隙的“毛细管浸润现象”（Kapillare Imbibition）和细胞内容物的渗透现象（Osmotische Erscheinung）。种子吸水后体积增大，于是产生一种对外部的压力，不仅能压开土壤，而且胀破种皮，使胚容易伸出。

关于种子吸水后的膨胀压力，在18世纪初，英国黑尔斯（Hales）已经研究过了。他用一个小的铁壶，里面装满了吸足水分的蚕豆，盖上盖子，上面再用重的东西压住。这样竟证明了：

蚕豆膨胀时，可将 200 磅[①]重的物体抬起。解剖学者要把头盖骨各部分分离时，普通总利用种子这种特性，在头盖骨空隙内装满了蚕豆，再浇些水，于是蚕豆膨胀起来，而头盖骨内侧各面，都受到同样强的压力，就依着合缝分离了。

水不仅能使种子膨胀，产生压力，还有更重要的化学作用。贮藏在种子内的一切物质，都是在水里不能溶解的，要作营养物质，不得不变成别种形态——例如淀粉变成砂糖，就可以溶解在水里了。我们在淀粉里加一滴硫酸时，固然可以使它变成砂糖，但植物无论如何都不能得到这种游离酸，当种子发芽时，会发生一种名叫淀粉酶（Amylase）的酶，同样能使淀粉变成砂糖。

要证明种子发芽时，淀粉化成砂糖的现象，只需拿一粒生麦和一粒发芽的麦，在嘴里尝一尝就明白了。因为前者淡而无味，后者是甜津津的。而且我们知道，斐林试剂（Fehling's solution）能使砂糖变成鲜红色，如把发芽的种子切取一片，放在显微镜下，加一滴斐林试剂，便可看到细胞中有一部分显现红色了，而且还可在显微镜下看到，许多在逐渐溶解的破碎淀粉粒。此外，像含有蛋白质和脂肪的种子，当发芽时会产生各种不同的酶，将它们化成可溶解的物质。

种子内部，这些酶起作用时，还是少不了水，必须先有水将

① 磅是英美制质量单位，1 磅约等于 0.45 千克。

这些酶溶解，而且当分解时，连水的元素也一同分解，所以这种作用又叫加水分解。淀粉化糖的化学方程式是：

$$(C_6H_{10}O_5)n+nH_2O=nC_6H_{12}O_6$$

这些溶解物还须由水带到胚里，才能供生长之用，不过那时重又变成不溶解性物了。所以当种子发芽时，水分除物理作用外，还有微妙的化学作用。

液体的扩散和通过毛细管的速度，是和温度有关的，而且温度上升，淀粉酶对于淀粉的作用也更快。所以种子发芽多在有温暖的阳光照着、和煦的春风吹着的时候。凡对于发芽作用的活动最适宜，而且植物生长最快的温度，叫作最适温度。超过或不及某温度时，发芽就不可能，这叫作最高和最低温度。像谷类是在35 ℉至40℉时开始发芽，随着温度上升，发芽也会更快；过了66 ℉至68℉，再缓慢下去，到100 ℉而停止。可见发芽迟速，完全受着温度的支配。

若周围的温度，常在32℉（即水的冰点），那么发芽就不可能了吧，大家总不免要这样想。可是最近竟发现种子能在冰中发芽的有趣事实。若要实验时，可照下面这样布置：在一块冰上钻几个小穴，将种子放入穴中，另外再拿一块冰，将穴盖着，一起藏在四周用2尺多厚的冰层围着的箱中。实验时，还可将种子分作两组，一组在1月里埋藏，一组在3月里埋藏。那么经过两个月后（就是3月和5月），像黑麦、小麦、蚕豆、甘蓝、芥菜等植物的种子都发芽了。它们的细根，伸入冰中。这虽像一种不可思议的现象，但用正确的实验可以证明，这是利用种子呼吸所产生的热，将周围的冰溶解的。明白了这种事实，那么见了在雪中开花的高山植物，也不会惊奇了。

种子的发芽和日光或光线的关系，因植物的种类不同，而有不少差异：像黑种草（*Nigella damascena* L.）是不受到光线绝对不发芽的；无花果属植物种子的发芽，也绝对需要光线；最特别的是烟草属，吸过了水的种子，只需三分间的日光照射，就能发芽了。苋科中的鸡冠花属和老枪谷属[①]（*Amaranthus caudatus*[②]）植物的种子要照不到光线，发芽方才良好。凡受到光线，发芽就良好的种子，叫作好光种子；相反，叫作好暗种子。光线对于种子发芽的作用，学者们有种种议论，有的说是刺激作用，有的说是供给发芽时所要的能（energy），有的说是当贮藏物质起分解作用时营触媒作用。直到现在，还没有确定的解释。

种子发芽时，必须行呼吸作用，这是可由种种实验来证明的。由此就可明白，呼吸所需的氧是必要的。多数种子浸在水中，发芽情形就不大好；即使是在水中能够好好发芽的种子，若是沉在

---

① 鸡冠花属今名青葙属；老枪谷属今名苋属。
② 为苋属的尾穗苋的学名。

深深的水底，也不能发芽；在煮沸而已将空气大部赶出的水中，大抵发芽困难；反之，在流动的水中，发芽就容易，这等事实，都足够证明氧和发芽的关系。

陈旧的种子，往往不易发芽，这是大家常常验证着的事。种子维持发芽能力的期间，又因植物的种类和周围温湿的程度而异：像柳树和桑树的种子都很短命，离开母植物后，若过四五日就不能发芽。从埃及坟墓里拿出来的小麦，已有一千年以上，从辽宁的普兰店会泡子乡刘家屯这一带泥炭层中掘出来的莲子，已经过五百多年，但都还能发芽。这真叫作“寿夭不同”了。

此外还有一种因种皮坚厚，不能吸收水分，一时不发芽的种子，叫作硬实。植物产生种子，目的原在繁殖，那么为什么要生些不发芽的种子呢？因为所生种子，如其一齐发芽，那么遇到什么巨大的灾害而全部死灭时，岂不就此绝种了吗？若有一时不发芽的硬实留着，那么它将来得到某种机会，种皮破损，吸收水分，就会发芽成一棵植物，依旧可以绵绵不绝繁殖下去，植物能够这样绵密周到地计划身后事，真要使人惊叹！

十八　种子的长途旅行

当芦花头白、枫树颜红的初冬时节，若为了采取剩在枝头的栗球，或拾集落叶间的橡斗而踏进草丛中去，那么诸位的衣服上，一定有种种果实和种子附着。最普通的是牛膝、山绿豆、窃衣、龙芽草、豨莶、鬼针草、猪殃殃、山蚂蟥等。这些都是用毛、钩、刺、针等攀搭在衣服的纤维上的。

果实附在动物身上，向各地散布的例子，真的多得很。现在就把菊科植物中的豨莶来讲讲，它的果实上满生着尖端弯曲的钩，附在羊毛上，不容易除去，所以羊毛商人非常嫌恶。欧洲的克里米半岛上，在1814年以前，这种草一株也没有的，可是40年后，简直遍地都是。这是1828年，俄国骑兵在马鬣和尾上，将它带到乌拉克，由乌拉克蔓延到塞尔维亚，再由猪将它从塞尔维亚带到匈牙利。两年之后，就夹在维也纳的羊毛中了。1871年又蔓延到了法国和英国，当散布到澳洲时，连羊毛的产额都一时减少一半。

到南天竹上荚实般的果实又现赤色时，便有白头翁等小鸟飞来啄食。可是，坚硬的种子不能在肚子里消化，便和粪一同排出，明年就可看到小小的南天竹从鸟粪中钻出来。此外还有许多核果、浆果，都是以同样方式，依托动物散布种子的。

随着气候的变化，而迁徙到远方的水鸟类，散布种子的作用尤其显著。水鸟觅饵的泥泞中，混有各种水草和泽草的种子。它们有时将这些种子连同食饵，一同吃下去；有时将混着种子的泥，粘在身上飞去。达尔文曾经留意到这点，将某种水鸟的粪查一查，里面竟有 12 种植物的种子。又有一位学者从附在一只水鸟的嘴、翅、脚上的泥中，捡得 31 种水草种子，栽培起来，大都好好地生长，这就是水草和泽草遍布全世界的原因。

英国某处乡间，曾发现过一桩奇事：并没有人去种植，但许多刺金雀花树，在野原上整整齐齐排成一直线地生长起来。后来仔细考察才知道，是蚁类将这些植物的种子运回巢去时，沿路落下的。此外像地丁的种子，也是同样由田蚁散布的。

在南非洲还有杀鹿的果实和杀狮的果实。听到这句话的人，一定要这样想："大概含有剧毒吧！"其实并不是这般杀法。杀鹿的，是马尔台尼亚草①的果实，两端同山羊角般尖锐，全体生满针刺，形状可怕，所以称为"恶魔角"。这果实成熟后，落在草中。当鹿走来吃草，把头尽向前推进的当儿，果实便插入鼻孔。于是

① 为 Martynia(角胡麻属) 的音译。作者在这里指的是瓜钩草属 (Harpagophytum) 植物。

鹿疼痛难忍，将头乱甩。这时，里面的种子，就被远远地撒开去了，有时鹿竟疼痛得发狂而死。杀狮的果实上生着许多锚一般的刺，有 1 寸多长，而且非常坚硬。当狮子被强烈的日光晒得发倦，在沙上打滚，背部突然被这果实所刺时，觉得疼痛，赶忙张开血盆大口来咬。不咬倒也罢了，一咬，这果实上的锚，齐向颚间、舌上钩住，此后什么也咬不成了。威风凛凛的狮子，到了这时，除饿死没有其他方法。但这草的种子，却由它的狂奔乱窜而散布到远方。

海中的珊瑚岛上，多有像棕榈般的椰树生长着。谁也不去种植，怎样来的呢？这如同人头般大的椰实，载沉载浮地在海中漂流时，被波浪打到岸上而长成的。有一位在海上探险的英国学者，看到有 97 种植物种子在海中漂流。日本九州东南近岸的一个小岛（名叫青岛）上长满蒲葵树，最初的种子就是由热带暖流从南洋群岛那边带来的。因为附近一带岸上，找不到它的踪迹。

睡莲是生长在水中的植物。当果实在水中裂开，从里面出来的种子，就带着海绵似的“救命圈”在水面漂流。到了这浮水带朽腐时，种子沉向水底，就在那边生根抽芽。和睡莲相似的荷花，也用组织粗松、内含空气的莲蓬随水漂浮，将种子运到远方。此外靠水力散布种子的植物，还有许多。当河川涨水退后，留在岸上的垃圾中，往往可找到各种种子。

蒲公英、松、柳、香蒲等的果实或种子，虽都能靠翅膀、毛茸随风飘扬，但飞不到怎么远。最容易被风吹扬的，还是微尘般极细小的种子。

全世界最小的种子，是天鹅绒兰[①]（*Goodyera velutina* Maxim），重量约一钱[②]的二百万分之一，所以能随着微尘，高高地飞去。可在路边看到的兰翘摇和绶草，也因种子细小，所以到处繁殖。地衣类的粉芽能从这高山顶上，传到那高山顶上，也是靠风的作用。

植物中还有不靠动物、水、风，而用自己的力量将种子弹出的。像凤仙花、酢浆草、金缕梅、紫花地丁、苦瓜、鸢尾、大豆、豌豆、荠、栗、麝香百合等都是。最有趣的，是在高加索和北非等地方自生的喷瓜（*Ecballium elaterium* A.Rich.）果实成熟后，里面生大量浆水，到果柄一脱，恰像拔去汽水瓶塞时一般，内部浆水一齐喷出。这时，可以将里面的种子射到相隔几米远的地方。

和兰牻牛儿[③]这种植物的种子，还有可以利用空气干湿，自己在地面爬行的巧妙装置。这种子上，一端是长芒，一端生着一个小钩。当天气晴燥时，这芒卷成螺旋形，雨天潮湿时就伸直。假定此刻芒是伸直的，当天气转晴而收缩时，种子因为有钩攀住地面，所以不会被芒向后面拖去。后来，天又降雨，而芒再伸直，种子就被这种伸直的力向前推进。这时，因为钩是倒生的，不会

① 今名绒叶斑叶兰。
② 一钱等于五克。
③ 今名芹叶牻牛儿苗。

发生阻挡。种子是这样在芒伸直收缩中，自己着地爬去，一到潮湿而松软的土地上，尖锐的种子尖端就向下一插，不再移动，在那里等待发芽时节的到来。

植物虽不能像动物那样自由向合意地方移动，但能用种种装置，将种子散布开去，结果也和移动一样。

十九　高山的植物带

就我国说，平地上愈近北方，天气愈冷，大概是每近 120 公里，气温便降低 1℃。高山呢，也是同样的情形，每高 600 尺，气温降低 1℃。至于各地植物的种类，又和气温大有关系。所以假定有两个人，同时从某处出发，一个向高峰攀登，一个向北方进发。那么，不仅气温的变化，连沿路看到的植物，也大致相同。

我们走到山脚下，将先看到一带略带倾斜的草原，这是山上岩石风化后，连同腐烂植物，被雨水冲下来积成的。土质很肥，多开成一层层的田圃。

山麓地带上的植物，大致和平地差不多，都开放着美丽花朵，在点头招呼游客。当你一面采集花朵，一面敲着手杖前进时，不知不觉已走进大树林了。

这是乔木林，不论哪座高山都有的。大抵在海拔 4000 尺到 6000 尺处，将山绕一个圈子。林中大都是落叶树，像枫、山毛榉、梧桐、栗等。如果是秋天，更可在那边看到美丽的红叶和黄叶。

再努力向上攀登，穿过阔叶树林，便走进黑暗的密林中了。地面看不到鸡卵形的阳光，只有透过浓密树梢而来的散光。那时，你已走进可称作亚高山带的针叶树林了，林下草地很少。这一带树林若从远处望去，现带蓝的暗绿色，所以又有“黑木林”的名称。

朽木气味扑鼻而来的针叶树林中，到处是湿答答的，溪声已听不到，除偶然有几声莺鸣从深处传来外，真静寂得如同死去一般。但当你从枝梢空隙，望见山顶已近在眼前，就会鼓起勇气，向前攀登。

渐渐上去，常遇到浓雾，使你分辨不出东西。这时，就知道已到高山了。攀登到 8000 尺左右，觉得林中比之前明亮，只能看到少数干梢已成枯枝的秃顶树，在风中摇摆。因为这里是乔木带的尽头，当气候温和的年份，这些树将枝干延伸，后来遇到严寒，于是水分供给不充足的干梢便枯死，变成“秃顶老人”了。

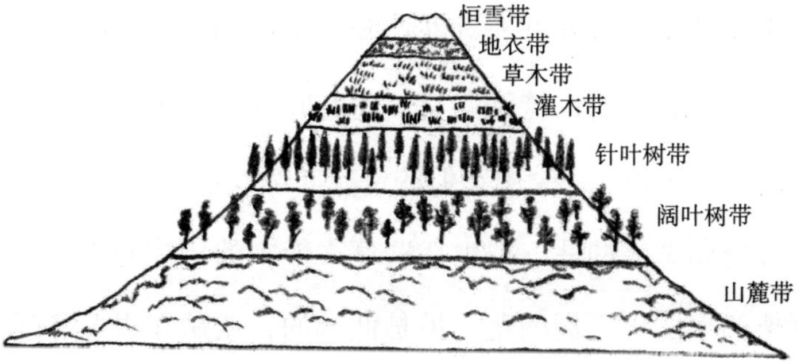

高山的植物

再上去，看到那些松树，形状越发古怪：生着细小叶子的枝条，蟠来蟠去地在岩石上蔓延，繁密得连脚也踏不进，像一个大的鹊巢，这叫蔓松。石南树也扭绞着枝条，从这块岩蟠到那块岩，贴地乱爬。你还可从它浓绿的厚叶中间，看到鲜美的淡红花。这一带的树木，差不多都是这等形状，找不出一棵亭亭耸立的大树，这叫作灌木带。你如其肯用脑子想一想，便会明白这些树要贴地蔓延的原因。棉絮似的白云，从脚下涌上来，遮住了你刚刚走过的林子，但一会儿又向四方散开，露出浓蓝的天空。暖和的阳光，晒在身上，使你有春的感觉。

灌木林尽头，有着一片广大的草原。虽在中夏，也像三春，美丽的花草繁茂地开着，仿佛金绿色的毛毡上洒了点点斑斑的颜料。吹来几阵飕飕的凉风，传来几声清脆的鸟鸣。在那边休息一会儿的人，谁都会有“这是一座天然大公园”的感想。这是草本带，离海面已有 1 万尺了，低洼处常有水积着，水面上生一层水藓。你若不小心一脚踏上，便陷到水中去，这些地方必定有毛毡苔等捉虫吃的草，以及开着红花、叶形像柳的柳兰。柳兰身材较高，有两尺左右，所以特别惹目。还有叶缘生锯齿、茎梢分成的许多小枝、上面各开一朵菊花似的黄花刘寄奴草。

带着挖掘家伙的话，把生在这草本带中的草挖起来看，便能发觉有趣的事实：它们的茎，虽是低低的，或贴在岩上蔓延，但根却非常粗大，深深地钻在岩间或泥中，里面藏着许多水和养分。

这般高的地方，天气当然和平地不同，春来得迟，冬到得早，一切的植物，都须在这短短的一两月内，急急忙忙地开花结实。所以夏季登山时，可以看到万花齐放的美景。

1 万尺以上的高峰气候极冷，通年刮风，空气中的水蒸气又少，所以花草是不能生长的。可是，这些岩石上，却都有地衣附着——地衣是由藻类和菌类合成，过着合作生活的复合植物。生长在草本带以上的地衣，当然和生在山脚的不同，其中最普通的，是木状的、褐色的依兰苔，伸出灰色细枝的石蕊，以及像蛔虫似的一条条竖着的虫苔等。贴在岩上的，也有许多种类，所以黝黑的岩石常被装点得五颜六色，这一带叫地衣带。

地衣带上面，已是全年积雪的恒雪带。对照平地来讲，你已走到冰天雪地的北极了。这时，你若回头向下面一望，那么，将看到山麓带、阔叶树带、针叶树带、灌木带、草本带、地衣带以及眼前的恒雪带，挨次排列着，似一幅从温带到北极的植物分布图。

二十　植物对于高山气候的适应

高山植物，为了要适应高山上的特殊气候，形状和结构上都生长得有点特别。所以我们不但要知道它们的名字，推究它们是哪一处的特产，还要研究为什么生长在高山带的植物会有这般形状和构造。

高山的气候，是和高山植物的生态，有最密切的关系。现在先把气象上的特点简单地说一说，再讲它对于植物的影响和植物对于它的适应。

离海面愈高，气压便愈低，这是大家都知道的吧！海面的气压虽是760毫米汞柱，像高2800米的恒山顶上，便只有573毫米汞柱；珠穆朗玛峰高8848.86米，气压为42.02千帕（kPa）[①]。高山植物生长的区域，和平地（海面）比较起来，气压相差很大。气压对植物的直接影响，现在还不清楚。高山植物生得矮小，倒并

① 每升高100米，气压就下降0.67千帕（5毫米汞柱），珠穆朗玛峰高约8848米，则气压下降59.28千帕，为42.02千帕。

非气压的缘故，因为生长在高山上的植物，有时以同样形态生长在高纬度的海岸。但气压常通过温度、蒸发力、热、光等，间接地影响高山植物的生活，那是无疑的。

每高百米，一年的平均温度，就要低0.5℃～0.8℃（热带以外各地的平均温度是低0.55℃）。这种温度的降低，在夏季特别显著。所以植物的各种现象，也以夏季为最显著的滞后，秋天便无多大差异。

太阳的光线，穿过了500千米厚的空气层，而射到平地时，因光的一部分被空气层中的尘埃、水蒸气以及各种气体分子所吸收、反射，已起了变化，所以光线的强度和质地，高山和平地不同。直射日光的热作用，高山顶上要比平地强

1
2
3
4

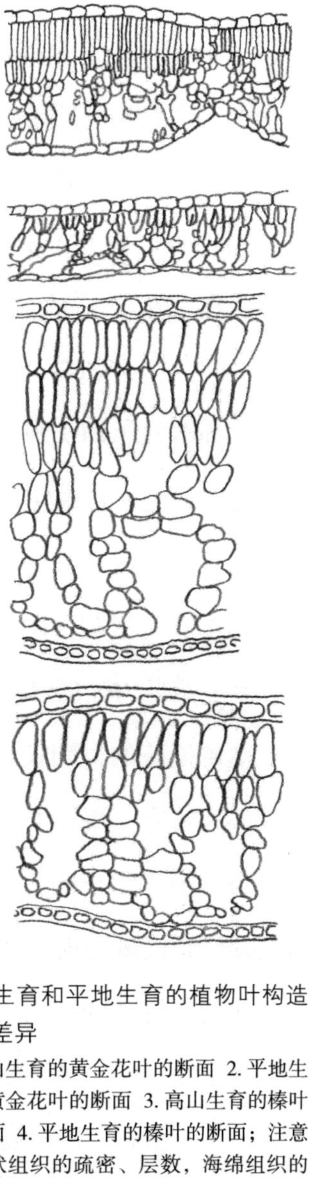

高山生育和平地生育的植物叶构造上的差异

1. 高山生育的黄金花叶的断面 2. 平地生育的黄金花叶的断面 3. 高山生育的榛叶的断面 4. 平地生育的榛叶的断面；注意其栅状组织的疏密、层数，海绵组织的细胞间隙的多少

20%～30%。高山上的日光，紫外线又特别多，海拔 80 米、1600 米、3100 米三处的紫外线量的比是 38∶72∶94。所以在高山上住了几天，脸孔就要发黑。

高山上地中的温度比地面高。当埋在雪下时，因雪不会传热，更容易保温。在 551 米处，气温比地中高 2℃～3℃；在 2877 米处，要高 12℃。

植物的生育期间，是越高越短缩。虽因山的位置和山上雪融的迟早而各异，但大概在五星期到六星期之间。因此高山植物迟迟地迎接春光，转眼便入夏季，又须急忙做过冬的准备。

我国的西部和北部空气干燥，东南湿度颇高。但高山上湿度的变化都非常激烈，刚嫌多湿，过一会儿又苦干燥，这是空气稀薄、水分蒸散力强的缘故。

被雪掩蔽的时间长，就高山植物说，也是有利有害的：像防止干燥和寒冷，增加土壤的保温力，春天还供给融雪的水和肥料，都是帮助植物生长的方面；另一面使生育期间非常短缩，并且有时使其受到机械的损伤。

在这样特殊的高山气候下生育的植物，当然和生长平地的不同：为了要适应生育期间非常短促这一点，所以多多年生植物，而少一年生植物。因为要在这样短短的生育期间内，从种子发芽、放叶、制造可充营养的物质、贮藏有机物质到开花、结实而结束植物的一生，实在来不及。所以越是生育期短促的地方（即升得越高处），一年生植物越减少。据实地调查的结果，大概是这样：200～600米之间，1年生植物占60%；600～800米，占33%；800米以上只有6%了。多年生植物，到雪一融化，立刻行光合作用，开花结实，或延伸地下茎和根而繁殖，比1年生植物要方便得多。而且多年生的可以将今年制造的物质，藏到来年用。

春神好像是怕走山路的，每高百米，便迟到三四天（这差度是越高越少）。那么生育在春迟到、秋早来的高山上的植物，必须尽可能地早开花。所以有些植物，是秋天生花，潜伏过冬天，到第2年春神刚到，便赶快开放。在平地上的植物，秋季种子成熟后，多自然地脱落。至于高山植物，虽已匆匆地结下果实，还来不及成熟，多依旧附在枝上，在长长的冬季里缓缓成熟，到来春再落。

高山植物多有常绿叶，当盖在上面的雪融净时，便立刻起光合作用，制造养分。而且因生育期短促，年轮的幅也非常狭细，普通一个生育期内只生长0.1～0.2毫米，就是矮型灌木的岩高兰，年轮幅也只0.76毫米。

再来讲讲高山上强烈的日光，对于植物有什么影响。高山植物的叶绿素含量，要比平地植物少，但由雪面反射光进行光合作用的植物却是例外，叶绿素含量反多。因雪面反射光中没有妨碍叶绿素生成的红色光。

且高山植物在显著的低温中也能行光合作用，最低温度

是 -16℃，在 0℃时简直颇旺盛——平地植物若继续在这样的低温下，只好饿死。对于高温的抵抗力也强，只要有充分的光线，仍旧能行光合作用，这大概是对于高山上温度变化激烈的环境适应惯了的缘故。

叶的构造也和平地植物不同：其栅状组织发达，细胞长而多，气孔也多。这样的叶能使光合作用特别旺盛。在因碳酸气缺乏，生育期短促而光合物质制造困难的高山植物，实属必要。日间的强烈日光，夜里的低温，都能抑制生长，使高山植物呈特有的低性。

山中多雾多雨，土地潮湿，似乎不要什么耐干旱装置。但因气压减小，日光强烈，而且又常刮大风，蒸散很盛。当从叶蒸散掉的分量，不能和从根吸收来的保持均衡时，那么即使土壤中还有许多水分，植物体也要干萎。为了防御这等短时间的干燥，所以也要有耐干构造。

防御干燥的方法，有的体内贮藏大量水分，并使不易发散，像那些多浆植物；有的把根深深地伸入地中，增加吸水力，而且叶是小形的居多，若叶上没有特别的耐干装置，运水的导管就多几根。

和高山植物生态有关的，除上面所举的几种，还有雪、风、土壤、动物等，且留着让诸位自己去探究吧！不过，真要研究高山植物的生态，光靠旅行时的观察和采集还是不够。西洋各国多在高山上建立实验用的栽培场和研究所，把平地植物移到高山上去栽培，又把高山植物移到平地上来栽培，互相比较研究，以解决生态学上的疑问。

二十一　水边的植物

枝头木叶，由黄绿而转成浓绿，街头巷尾，可看到穿着白色衣裳的人往来；蒸闷而时晴时雨的天气，竟一天天地继续下去，这正是使人们叫苦的黄梅时节了。但生长在水中或泽畔的植物，却十分欢迎梅雨。河边嫩草，长得这样繁茂，大家都在挤挤插插地跳舞；连田中青蛙，也齐声唱歌，来表示它们的贺意。

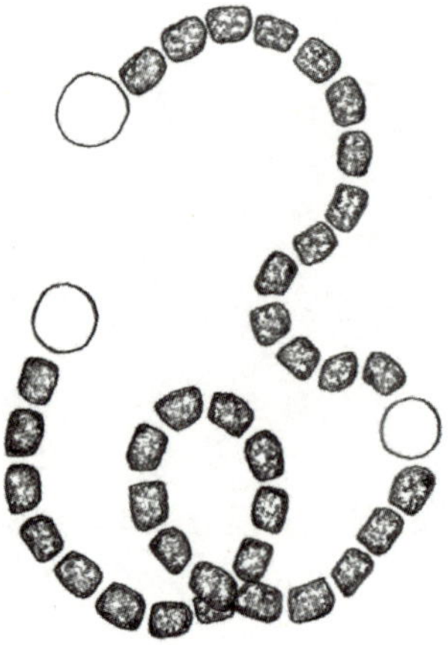
念珠藻

最先，是冬天躲在水底的水绵，当春水微温时，光合作用就旺盛起来；将生成的氧积在绵里，造成大的气泡，而飘飘地浮到水面来。马尿花的冬芽，也从水底上浮，而展成一棵新植物。

一到初夏，池沼的水面多有一层浓绿色的东西。为什么会这样呢？不免有点奇怪。原来无论是咸水或淡水，更无论深的浅的，水里都有无数细小的动植物在游泳。

其中的植物多是细小的藻类，若用尖针在已成绿色的池水中蘸一滴，拿到显微镜下去看，便见有几百个含着许多绿色小粒的球，这绿色小粒是蓝藻类的单细胞植物。它们有分泌黏液、互相集成球形的特性。

蓝藻本来是蓝色的。但这种植物色素会变化，像上面讲过这种，是现鲜绿色；有几种生在墙壁或地面的，又呈鲜红或紫色的斑点，恰像刚溅上的血迹。英国曾在某古战场上杀死敌王的地点，建立了一寺，纪念战功。当阴雨之日，这寺附近的地面，必现鲜红色。大家就说，这是饮恨而死的王，为了大仇未报，声声叫唤时流的口血。其实，大概也是藻类的成绩。

地球上最早的生物，据说就是藻类。因为那时地球的表面很热，海洋的水都同沸水一般，只有能耐高热的藻类才能生存——现在还有能在 176℃的温泉中生活的藻类。后来海底隆起，变成陆地，于是海中生长的有些藻类，逐渐变成陆上草木。但这些草木中，又起了生存竞争，失败的，不能在陆上站脚，重又回到故乡，在水中泽畔和原先的藻类做伴。这恰像乡村间的青年，当初抱着美满的希望投身都市，后来经不起激烈的竞争失败回来，和幼时同伴一同耕种过活的情形一般无二。

生长在水中或泽畔的植物，都有自己的地盘，不许别种植物侵入。试看蜿蜒地流经原野的小河或池沼边，有一到秋天能开樱色大花的蚕茧草，叶状像柳的水蓼（俗叫辣蓼），和荞麦相像的苦荞麦，身子笔挺地立着，花像胡枝子的千屈菜，以及可吃的水芹、鸭儿芹，以及有毒的芹叶钩吻、石龙芮（俗叫胡椒菜）。深到八九尺的水中，最多的是被风吹得萧萧发声的芦。此外和芦相像的荻、黑三棱、菰（俗叫茭白）、灯芯草，以及织席用的莞（俗叫席草）等，各个估量了自己身材的长短，有的在浅处，有的在深处，占据一区地盘。

苏联的第聂伯河沿岸，在几百平方英里[①]的大面积内，全是两丈多高的芦，繁茂地生长着——美洲近北极的地方，也有这等处所。这些植物因为生得很密，所以当河水增涨时，从上流带来的杂物，都被阻隔留下。这里面有沙、朽腐的树叶、果实，也有动物的尸首。这样一年复一年，两岸的底就慢慢高出水面，变成适于别种植物生长的原野，这就叫冲积地。

所以水边丛生的植物，倒是替我们创造冲积地的功臣呢！

① 英里，英美制长度单位。1 英里约等于 1.6 千米。

二十二　水生植物的三个阶段

我们走到河边或池畔去时，便觉水生植物有界限分得很清楚的三个阶段：有些高高地矗立在水上，有些浮在水面，还有些浸在水里。这就是挺水植物、浮水植物和沉水植物。

凡根生在水底的泥中，茎叶伸出水上的，叫挺水植物，像芦、荻、茭白等都是。莲尤其是挺水植物中最受人爱护的。

莲，粗粗一看，像是一种极平常的植物，其实它身体的构造是很奇妙的：因为水底的泥中不含氧气，根和地下茎无法呼吸，于是另找门路取氧。我们都知道藕里面有几个大孔的，而且这样的孔叶柄里也有，叶片里又有许多空隙，这些都互相连贯，可以让空气自由流通，供给呼吸。

吃藕时，往往有牵牵缠缠的细丝。这丝本来是螺旋形的卷成一根通水的管子，所以你若仔细去看，便知道是弯弯曲曲呈波纹的。大大的莲叶，自然要蒸发许多水分。因此，通水的管也比较粗，必须用那种强韧的丝，坚固地卷成才好。

水龙也是挺水植物，并无有孔的茎，但除普通的根外，有几条特别根，颠倒向上伸长，露出水面呼吸的。点缀水边风景，常被画家们描写的是开黄色小花的萍蓬草和叶呈匙形有三片白色花冠的泽泻等。

浮水植物中，生根在十五六尺深的水底，把平坦的叶子浮在水面，开黄、白等美丽花朵的是睡莲。睡莲科中，叶大而背面有刺的是芡（俗叫鸡头）；叶小，嫩叶两侧卷着，全体滑澾澾的，是可吃的莼菜。生在南美亚马孙河上游的大芡（又叫王莲），叶的直径有六尺以上，小孩子坐上去也不会破。

萍蓬草

此外，叶浮在水面的，有大家都知道的菱，它的叶柄膨大变成浮囊。小河的水面，常见有许多花椒似的叶子浮着，这叫作槐叶萍。用手杖去捞一点起来看，小根只挂在叶背，并不生在泥中，而且这也并不是真根，是一行浸在水中的叶子所变成的能吸水的须。有时小河表面，被这种槐叶萍铺得同毛毡一般，在月光之下，往往要错看作草地而踏上去。

浮水植物和普通草木不同的地

方，是只有叶的表面有气孔，沾水不会湿；叶背总是滑涟涟的，可避免鱼类的吞食。

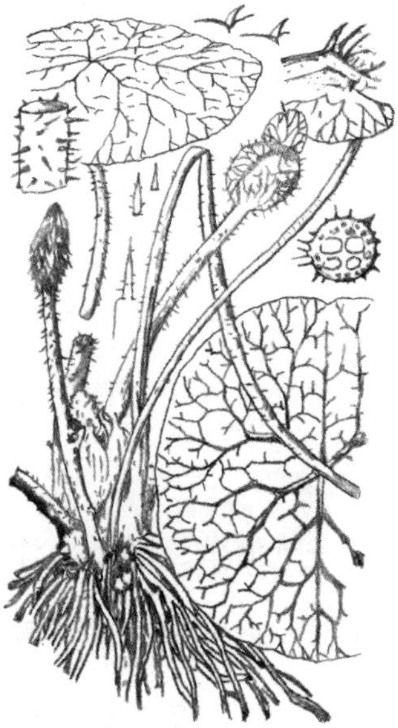

芡

在池、河底上生长的都是沉水植物，像放在金鱼缸里的金鱼藻，和它很相像的狐尾藻、黑藻、竹叶似的箬叶藻，以及常被引作水力授粉例子的苦草等，附近的池、河中都有，诸位不妨自己去观察一下。

这种沉水植物，有的是随水浮沉，有的是逐波漂泊，为了免受波浪的打击，所以都长得十分软弱，而且根也很细。可是，根细的原因，一半也因为水草全身都能吸收水中养分。这样的水草，当然极需要养分丰富的水，所以浑浊的池沼里水草特别多。水草一多，以水草为食料的鱼类当然多起来，而且身子肥胖。反之，澄清的水不适于水草繁殖，自然鱼类也少了，这就叫作“水至清则无鱼”。

二十三　在海滨和飞沙搏战的植物

一到海滨，最惹人注目的是树形歪斜的松树——内侧的枝条特别长，向海方面的比较短，恰像一把倒竖着的扫帚，完全没有“亭亭如盖”的姿态。为什么长得这般古怪呢？这是受海风的影响：因背风的枝，受它拉扯，伸得特别快；迎风这边的枝，常遇阻力，不能畅伸，所以形成向一方倾斜的树形。

海边还有细软得同毛毯一样的沙滩。没有到过海边的人，也许以为沙滩是和荒凉的沙漠一般，全无植物。其实仔细找寻，也可看到开美丽花朵的小草和形态虽不十分美，但生殖力颇强的杂草。

当刮风天，沙粒随风飞散。这时常将植物埋没，或将根露出，所以飞沙是生长在沙滩上的植物的一个重大的威胁者。但其中也有些健强的种类，却特别能够抵抗飞沙而生活，像蒒草[①]（俗叫禹

① 今名筛草。

余粮）、毛鸭嘴草便是。

蔄草是雌雄异株的多年生植物，露出沙上的部分，虽只2尺左右，但在地中匍匐的茎却非常长。你们且掘掘看，恐怕不容易掘到头吧！大概生长10年的，就有100尺光景。毛鸭嘴草的穗，尖端分开，很像鸭嘴，细长的叶和茎都密生细毛，所以得了这样一个特别名称。每株生几十条茎，集成一团，下面还有100多条根，深深地在沙下蔓延。

平坦的沙滩上，有时可看到几个高耸的沙丘，这是强风和前面讲过的这类能抵抗飞沙的强健植物合力造成的。这类植物侵入沙粒移动激烈的地方后，即使被沙埋没，匍匐的茎依旧会向四面八方延伸，于是附近的沙渐渐停止移动，而成一个沙团。这沙团逐渐增大，便是一座沙丘。

蔄草

沙滩中非常干燥，即使有一些水，也是含着许多盐分，根不大容易吸收。植物必要把粗粗的根，一径深深地向地中延伸，去求得淡水。因为得水艰难，只好俭省使用，所以叶片多坚厚而小，以减少蒸散。

生在离海稍远、沙粒比较

毛鸭嘴草

安定处的植物中，颇有些开美的花。像滨旋花，大家都知道是分布较广的种类，在五六月里，开淡红色的花。野豌豆是5月里开花，初开时现紫色，后来渐带青碧。此外，开黄花的还有滨苦菜和着地蔓延的滨车等；开白花的有珊瑚菜、滨南芥菜等。至于开美花的海边灌木，有蔓荆和玫瑰。

海边植物中，形状最奇怪的，要算列当这种寄生植物了。它是寄生在茵陈蒿的根上，肉质的茎着生许多鳞片状的叶子，茎和叶都呈黄褐色，开淡紫色的花。

至于大溪之滨的沙滩上，所生植物，虽多属海边植物，但也有几种保持特色的，这且留待有机会到沙滩去的人发现吧！

二十四　吃现成饭的懒汉

人类社会中，有一部分不劳心力而靠别人来养活的寄生者，这是大家都知道的，其实无知的草木中未尝没有。

多数草木是把根伸入地中，吸取土粒间的水和养分的，但高高地生长在树梢头的也不少。例如，挂下绳索似的根，吸收空气中湿气的几种兰类；把根生在朽腐的树皮里的瓦苇，这些植物，看着虽像寄生，其实不过租间厢楼住住，还是靠自己精力来换饭吃的，我们不能叫它为“寄生”，该叫“附生”。

有几种植物，将根插入自己附着处的树干中，夺取养分而生活。这好像厢楼里的房客，整天不做什么工作，肚子饿了，便吃房东买回来的食物一样。这叫作“寄生植物”，被寄生的叫作“寄主”。

我们在木叶尽脱的秋天，走到郊外去散步时，往往可以看到朴、栗、榉、槲等大树上，有叶色青青的几团，这就是名叫“槲寄生”的寄生植物。它总附在高处树梢上，不让我们看清楚它的

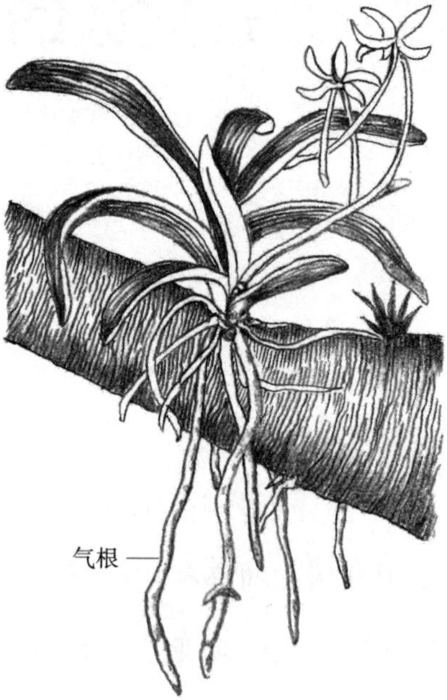

生长在树上的兰

形状。若用竹竿敲打，或投掷石块去弄一枝来，便知道是在两两分叉的枝尖，各生厚厚两片叶的树。

小小的树，怎样会生到那般高大的树梢上呢？原来槲寄生所生的黄色果实，肉味甘美，鸟类很喜欢啄食，但果肉又黏得同糯米饼一般，附在鸟喙上不易落下。这时，鸟便把喙伸到树皮上去擦，结果擦破树皮，把种子嵌入其中。如其果实不粘到喙上而被鸟咽下肚子里去了，那么就随着鸟粪排泄出来，仍旧有附上树梢的机会。

种子发芽时，幼根的尖端呈吸盘状压破树皮的表面，钻了进去，直达形成层，再向四面蔓延吸收养分，旺盛地抽茎长叶。它两两成对的厚叶片中也含有叶绿体，能够和普通树叶一般行光合作用的，只不过不用自己的根向地中吸收水和养分，而夺取寄主吸上来的罢了。这恰像厢楼里的房客，把房东买来的菜蔬、鱼、肉、米、盐、酱、醋等拿上楼去，自己煮饭菜吃一般。这样过着半依赖生活的，叫作“半寄生”。

槲寄生

有些房客真懒得不得了，专等房东在厨房间里烧好饭菜，搬向厅堂时，就拦路抢去，过着这般依赖生活的，我们称之为“全寄生”。

秋天到山野间去玩，往往看到无根、无叶，只用蔓缠来缠去的黄色的草，这是菟丝子，是从缠着的草中掠夺养分的。蔓上处处生着吸器，嵌进寄主的茎中后，双方的维管束就连接起来，于是在管中流动的养液，也向蔓中来了。

菟丝子不是劈头就没有根的。当种子发芽时，和别种植物一样将细根钻入地中，上面抽一条红线似的茎，若四周没有什么可依赖的草木，它就这样枯死了；若恰巧碰到什么枝茎，便立刻缠上，生出吸器吸取养分，根就在这时枯死。

它既不用根从地中吸收养分，又不用叶在日光中制造养分，专受别人的供养，所以常被举作全寄生的例子。

此外，细菌和菌类，大部分都过着寄生生活，这里就省去不谈了。

菟丝子

二十五 “共存共荣”的植物

“共存共荣”是报章杂志上常见的名词，但在植物界中也有此事实。

根瘤菌和豆科植物是常被引作共生的例子的。在豆科植物的根上有一颗颗的小瘤，叫作根瘤，里面住满根瘤菌。这种细菌本是摄取空气中的氮，自力谋生的。它遇到豆类的根就从根毛侵入。当它住在瘤内，一面领受豆类制成的养分，一面从地中空气吸收氮而旺盛繁殖时，豆类的根便分泌一种能够溶解细菌的液体将它消化，作为养分。所以就根瘤菌说来，实在和自动走到畜舍里去的菜牛一般。

另外，像生在岩石或树皮上的地衣，原是菌类包着藻类的复合体。藻类领受菌丝所含的水分，菌类取得藻类由光合作用所生的养分，互相维系生活。但这不是均等的共生，而有藻类隶属于菌类的情形。因为菌丝不仅包围了藻类，丝端往往穿过藻类细胞膜壁，侵入内部和原形质接触，同寄生植物将吸器钻入寄主的细

根瘤和根瘤菌

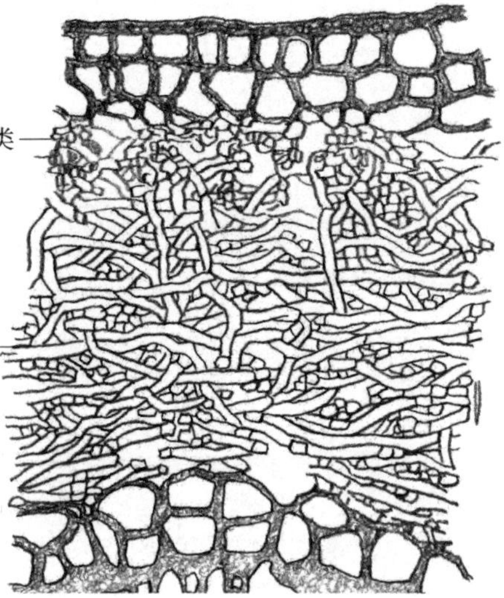

地衣的切面

胞内一般无二。和真正的寄生的差异点，是做了俘虏的藻类，永久生存，毫无病症，而且渐渐由分裂而增加。

兰类根里，有着菌类的菌丝，而且它的种子内，若无菌类侵入，就不易发芽，所以向来也作共生的例子。但侵入细胞内的菌丝，繁殖后也逐渐被根消化，得到和豆类根瘤菌同样的结局。

所以普通认作共生的，多少都有点寄生的关系，不过程度没有像有害的菌类、细菌等这样极端，寄生植物和寄主植物之间，还保持着生存竞争上的平衡，所以外观上不现有害作用。像根瘤和菌根内的细菌，不外是这样性质；当侵入寄主时，只因寄主的抵抗力大，所以不致危害生命，而且寄主又供给养分，使寄生者暂在一定区域内栖息。到了后来，将它消化、吸收，供自己利用。若寄主的

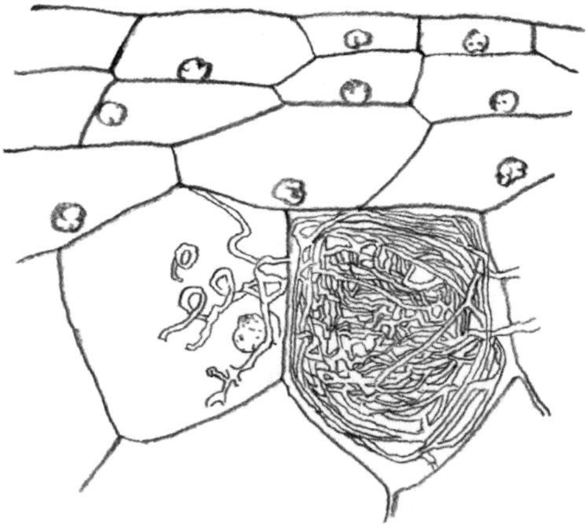

兰科植物的内菌根

势力很大，立刻把侵入的细菌杀灭，那么细菌既不能繁殖，而寄主也不能得到什么利益。反过来，若侵入的细菌势力大，变成了真的寄生，那么寄主又不免要发病枯死。所以要这两者的生存竞争，达到某程度的均衡，不仅双方各不相犯，还能互相利用时，才有仿佛共生的外观。就根瘤和菌根说，只发生在某时期，有所谓共生的关系，等过了这时，寄主植物就毫不客气地把寄生菌杀死。

但也有特例，像石南科[①]植物，寄主终生让细菌住在体内，而且不仅根部，全身都可自由分布。这是因为寄生菌和寄主植物间势均力敌，所以生存上不受什么妨害，大家都能畅茂繁殖。

所以“共存共荣”是必须建立在均势基础上的。

---

① 今名杜鹃花科。

二十六　树木的寿命

新年新岁，若到亲戚家里去走走，做长辈的人总喜欢对你说“长命百岁”的祝贺语，因为人类中能够活到百岁的，的确少得很。可是，若把这句话去对树木讲，就大大地委屈了它。

活到五六十岁而枯死的，算是短命的树木，普通都在百岁以上，像苹果树的平均寿命是100岁，樱是二三百岁，槭是四五百岁，银杏是500岁，松、杉是五六百岁，山毛榉是600岁，桑树是800岁，级木是1000岁，枞是1300岁。

我国最古的树，要算子贡亲自种在孔子坟头的楷树[①]（在山东省曲阜县[②]），已有2400多岁了。不过它有时似枯死般休眠着，有时又发芽生长，不是一径繁茂下来的，而且现今又在枯萎期中。其次要算南京的六朝松，已有一千四五百年。再次之是杭州附近超山的宋梅，虽经过了六七百年，但现在还能开几朵花，形状也

① 今名黄连木。
② 旧县名，今为曲阜市。

和普通的梅花略有不同。当然，荒山僻地间还有许多没人去理会的古木。

台湾山中的台湾花柏，干高 15 丈，直径 2 丈 4 尺，要 13 个人手牵起来才围得转，大概已有几千年的寿命了。

世界有名的老树，是美国加利福尼亚州西拉内维大谷中的桸椌①，形状和枞树有点相像，其中有活到 3300 岁的。“3300 岁”在嘴里说说，好像轻松得很，请仔细想想看：孔子是 2400 年前生的，那时这树已有 900 多岁了。这些树虽生在海拔六七千尺的高处，但干高从 25 丈到 40 丈，直径在 35 尺以上的也不少，实在是世界最大的树。

自然，专为看大树而来的旅客也不少。因此那边有种种布置，使它们的高大越发明显，有些在干中开掘一条隧道，可让载满乘客，用 4 匹马拉的车子，宽宽敞敞地通过；有的把干已砍去的根头，造成一个跳舞场。可是，现在已由政府保护，不但禁止砍伐，并且在树林中设有特别装置，使被山火烧时，不能延烧过来，林中起火时，也会立刻熄灭。

这样的桸椌算得长命吧！可是和有名的猴面包树及龙血树比起来，又同孩子一般了。1749 年，到非洲西端附近的培耳他岛上去游玩的阿但逊，无意中发现在那里的猴面包树干上，有 300 年

① 属名 Sequoia 的音译，今名北美红杉。

前英国旅行团测量过的数字。他就从这棵树在这 300 年间加粗的成绩来推算，知道它是一棵 6000 多年的古树。

比它更长命的，算得上世界上最长命的生物，是加那利群岛中恶罗苦滑岛上的龙血树。500 年前，西班牙人在这岛登陆时，干的直径已达 42 尺了。可是，它在 1827 年的暴风雨中受了重伤，不久就枯死。本村的人将它制成种种器具作为祝寿的礼物，赠送亲友。这棵树的年纪，据说已有 10000 岁或 8000 岁。

这样发呆地生长着、长大着，对树木自己实在是有损无益的。因为别种短命的植物已换上了无数世代，各个变成最方便的形态而繁茂着，而这些长命树要经过几百年，刚才长成，一切都保持老式。这样一个“时代落伍者”，当然无法在竞争场中取胜，所以都逐渐灭种了。

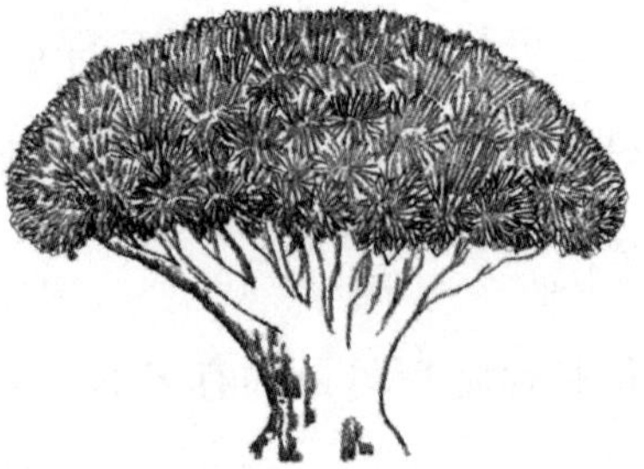

龙血树

二十七　植物的自卫

据说，从前有一个到非洲去探险的西洋人，在某村庄中，偶然掏出表来给土人看看，土人看到秒针在不停地打圈子，就吓得不敢走近去。大概他以为这样不知底细的能够自动的东西，也许会伤害人的吧！

同样，当动物看到在自然地运动的草时，也许要这样想：“什么？好蹊跷的草啊！走近去说不定要碰到危险的呀！不是另外没有可吃的草，算了吧！”

出产奇花异卉的印度，有一种当人或兽类走近去时，立刻将叶闭合而下垂的植物，这是因脚步声，或行走时所生的微风，被叶片感得的缘故。此外更特别的，还有不等敌人近去，终年在那里跳舞的舞草（*Desmodium gyrans* DC.）。

舞草，在西洋有一个俗名叫电报草。因为当没有电报、电话的时候，是在各处山头建立了像现在车站附近的“扬旗”（signal，是由上面横木举起放下，通知线路开闭的）似的东西用以通信的，而舞草运动的式样正和它相似。

舞草是长着由一片大叶和缀在叶柄上的两片小叶而成的复叶。这两片小叶一径用叶尖在空中描画椭圆形。这种运动，有时迅速，有时迟缓。快的时候1分多钟画一个圈子，不知怎样一来，有时竟懒得画椭圆，只上下扇动着。大的叶片也微微地动，但不大注目。到了夜里，大叶软软地挂下休息了，两片小叶依旧不停地动着，尽它做哨兵的责任。

讲到舞草时，诸位也许要想到见过的含羞草吧！不错，含羞草的叶也会运动，目的也是自卫，不过它除惊骇动物，还有防御天灾的作用。

舞草

含羞草在从茎伸出的叶柄的尖端，生着四条细轴，轴的两侧都缀满小叶，形状恰像鸟羽。其实全体只是一片叶。这些小叶尖，若轻轻地去碰它一碰，看会怎样？先是这片小叶和对面的小叶一齐从两方起立、合着，照样挨次下来，一根鸟羽全部闭合了。此后，另外三根鸟羽，也同样闭合。接着，叶柄也同“扬旗”上的横木般垂下。接着上面另一片的叶，也起同样运动。

为什么会起这样运动呢？若仔细把这草观察，便见小叶和叶柄附着处，都同我们手脚曲折处一般特别膨大。这里面的细胞内充满着水，若被什么东西一碰，小叶附着处的膨大部分里面，上方细胞里的水就流向别处，那边起了皱缩，因此小叶起立。叶柄附着处起了相反的变化，于是垂下了。诸位一定还要问：“为什么碰一碰，水就流向别处呢？”那一定有能把叶受接触的消息通知膨大处的机构，这就是所谓“植物的神经”，据说在维管束中，但详细情景还不大清楚。

含羞草的原产地是南美洲的巴西。据说那边每天有大的降雨。因此，当受着第一滴雨滴时，叶就闭合，免被大雨打伤，而且在狂风猛吹，沙尘扑面时，也还是闭着安全，这种对天灾的自卫特

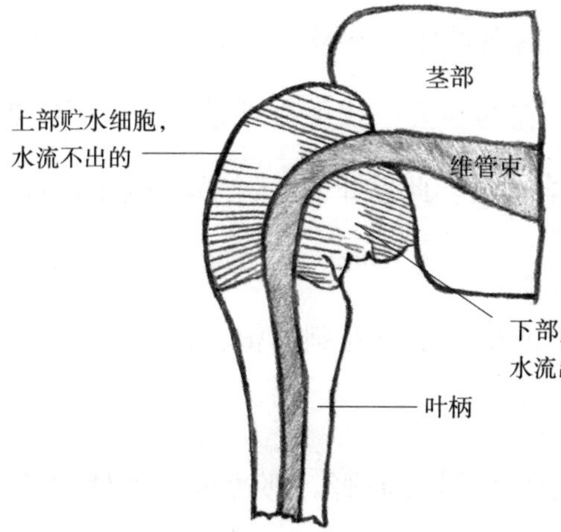

含羞草叶柄附着处的直剖面

性，经过一代代的遗传，还被分布全世界的子子孙孙保持着。

植物除用这种虚张声势的示威运动，将敌人吓退，还有真正装备，用实力抵抗的，最普通的例子就是生着针刺。

种作生篱的针刺满身的枸橘，不单保护自己，并且替人看守园场。人们以前认为枸橘的针刺是枝的变形物，现在知道：它和仙人掌的针刺，都应该是成叶的东西变成的。此外像安石榴也有针刺，这是枝的变形物。可是蔷薇、山椒的针刺，既不是叶，也不是枝，是表面的皮凸起而成的。

到山中去，必须留意的是鹊不踏，这是连叶轴上都生着成行的针刺，茎上更全是可怕的钩，像图画中的鬼腿一般，一看到谁都要打个寒噤的。若无意中去碰着了它，一定弄得皮破血流。还有菝葜，据说连猴子都要被它捉住的，人若踏进它的藤蔓堆中，便像被铁丝网困住一般，休想出来。

用针刺开玩笑的是落叶松。在欧洲的阿尔卑斯山中，当这树幼小时，若羊来吃了它的芽去，就再在原处生出一团针刺，芽躲在中央，免得再被羊吃去。此后干渐渐增高，到羊已碰不到时，才生普通的枝。

非洲南部还有根或块茎上生着刺的植物，因为那边有掘根吃的野猪栖息着。

仙人掌的故乡是墨西哥的原野。那边也和别处的沙漠一样，一年中只下几天雨，是又热又干的地方。仙人掌因得水不易，尽可能地将身体表面缩小，减少水的蒸散，用茎来代替叶的职务。那边草木既少，动物也不多，这些渴得要命的少数动物，一看到水汪汪的仙人掌的粗茎，再也不肯放过。因此，它只好将叶变成锐针，防御被吃。

仙人掌的针刺也有种种形状：有的满身细针中夹着几个长大的刺，这是用大刺防兽，将细针御虫。因为细小的虫，看了大刺倒不放在心上。有的针刺变成长毛，密生茎上，这是除防虫之外，还有防止水分蒸散的用处。

植物的自卫方法，除长矛短匕式的针刺，还会应用化学战术，将种种毒汁攻击敌人。

我们若去碰一碰荨麻的茎叶，手上一定会像被蜂蜇过一般疼痛。因为它的茎上和叶背生着许多比缝针更锐利的细针；不，这不是普通的针，是像医生注射用的注射针那样，中心成管，尖端略粗，基部膨大处，里面藏着毒汁。既然尖端略粗，照理难以刺敌，其实不然，那处非常脆弱，一碰就断，管子就趁机插入皮肤，同时，基部膨大处因受挤压，就同注射针一般，将毒汁注入敌体。

此外，像夏天能结许多鲜红果实的木本黄精叶钩吻，四月间开白色铃状小花，马吃了能使马麻醉的马醉木；开着兜状紫花，可用根中液汁造毒箭的乌头等，都是用毒汁达到自卫目的的。

近代战术中，还有用拟装来瞒骗敌人的方法。例如，第一次世界大战中，当德国飞机去轰炸巴黎时，法国人便将附近的一条

荨麻的针刺放大

河道改装一下，使敌人找不到巴黎的所在。就是植物中，也有采用这种手段来自卫的。非洲沙漠中，到处可以看到一种石卵形的奇妙植物，这叫作小石草[①]，也和仙人掌一样，为了贮水将圆圆的、肥厚的两片叶子对合起来，系成这般形状。它生在石砾中，当动物看见时，绝想不到它是植物，因此就免被吞噬。可是，不知怎样，到了后来，竟可从中央小孔伸出美丽的黄花来招惹敌人的目光。

喜马拉雅山中有一种眼镜蛇草[②]，叶的形状完全像可怕的眼镜蛇，抬起了头，等在那里。因此，害怕这种毒蛇的羊，看见了就吓得不敢近去。这简直和昆虫的拟态一般了。

---

① 今名生石花。

② 今名长行天南星。

二十八　新种的形成

当秋风一阵阵吹来，菊的花蕾也一天天绽起来时，住在都市里的小朋友，有机会到菊花展览会去细细比较和欣赏。就是住居乡间的，也可在校园里，或屋前屋后的空地上，看到向秋阳微笑的菊花。

虽然把它们一概称为菊花，但就各品种的形状和颜色讲，比桃花和李花更差得大。同是一个头状花序，有的小得和铜铃一般，有的比 4 寸直径的瓷盘更大；舌状花和管状花，更以各种形状而变化，或长或短，有的像针，有的像爪。说到颜色，更是嫣红姹紫，淡白深黄，各个不同。约略估计起来，菊花已有 10000 余不同的品种。

其实不仅菊花，别种植物也是这样。不过栽培植物，特别显著些罢了。若问为什么有这许多种呢？以前的人相信一切生物是开头就是这样，既然狗开头便是这样的狗，自然菊花也是开头便有这样万把种，而且是永远这样下去的。直到七八十年前，达尔

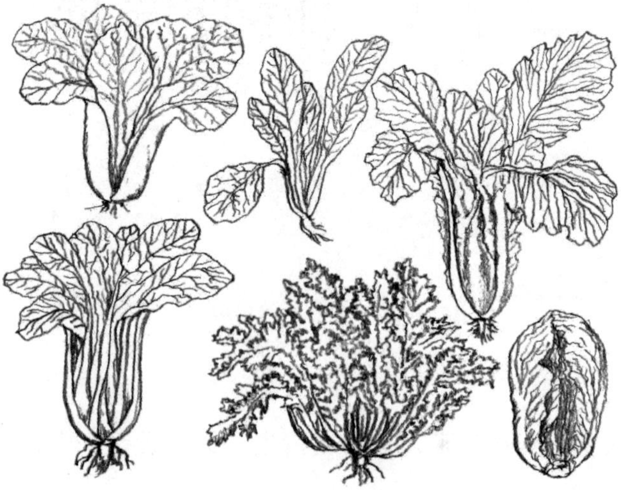

千变万化的白菜

文在鸡和鸽子等动物上，看到发生变化的现象，便说：一切生物是随着养料、温度等的差异而变化，这种细微的变化积集起来，便成完全不同的种类。生物的祖先是生在还未冷透的海水中的海藻；这种海藻内，发生种种变化，这时海水也渐渐冷下去，于是只“适者生存”，不适的海藻衰灭。这些繁茂的海藻中后来又生变化，各个求得适于自己生存的场所，于是就像现在这样有各种海藻了。以前在热海中繁茂过的海藻，现今只在温泉之畔还可看到。随着时间的经过，有些海藻生长在陆地附近的浅水处或沼泽中，再产生陆生植物，更经种种变化，而分成现今这般千变万化的陆上草木。

小原菊　　原菊

菊花的原种

万把种菊花都是从这两种野生植物产生的

可是，说地球上千千万万的草木全由逐渐变化造成的，也觉难以相信。后来荷兰德佛里斯根据月见草的实验，说植物能够突然形成新种，其中适于生存的繁茂起来，因此造成许多种类。这“突然变异”说，曾风行一时，现在知道他实验用的月见草并不是纯粹种，因此也失去了一部分人的信任，但“突然变异”实际上别的草木也有发生的。

总之，达尔文所主张的“淘汰”和德佛里斯所说的“突然变异”，都是形成新种的原因。因为据种种实验，知道植物能够表现种种特性的因素，是含在细胞核内的。例如，开红花的植物，它的精核和卵细胞中便含有使它开红花的因素。这种因素不但要传诸子孙，有时还在受精时起特别变化——这就是起“突然变异”的根源。细胞内已含有使它表现特别形态的因素的植物，得到适宜的环境，便表现成一新种。否则只好传给后代，再等机会，这就是淘汰对于形成新种的影响。

因此，人们便用交配和淘汰来造成新种了。名闻世界的造花大王，是死去不久的美国人伯班克（Burbank）[①]。他并没有什么学问，青年时做园丁过活，但他有改良果蔬花卉等的天才和热心，培育了许多美花甘果，给全世界人们受用。他所创成的植物中，有味道鲜美的无刺仙人掌、无核李子、人头般大的番茄等珍品。苏联的园艺家米丘林也用同样的方法，培育了无数的植物新种，例如，可以种到北极圈冰雪地去的苹果树，种在沙漠边缘上的小麦。

作为人为淘汰时，必须从许多株中，拣取变得最合意的一株。实际，伯班克是这样大规模地培养的，他从几万株苗木中，选得一株合意的苗木之后，便把其余全部烧掉。因为留着较劣的品种，不但要减少选定种的价值，若种在附近，昆虫将它的花粉带来，选定种便不能保持纯粹了。

① 伯班克是20世纪美国著名的园艺育种家。